建筑的声光色

建筑的声光色

——当代建筑的感官效应

[西] 亚历杭德罗·巴哈蒙
安娜·玛利亚·阿尔瓦丽兹 著

喻蓉霞 译

中国建筑工业出版社

著作权合同登记图字：01-2010-6171号

图书在版编目（CIP）数据

建筑的声光色——当代建筑的感官效应／（西）巴哈蒙，阿尔瓦丽兹著；喻蓉霞译．—北京：中国建筑工业出版社，2015.10

ISBN 978-7-112-18774-4

Ⅰ.①建… Ⅱ.①巴… ②阿… ③喻… Ⅲ.①工业区-城市规划-研究-德国 Ⅳ.①TU985.16

中国版本图书馆CIP数据核字（2015）第284564号

Light Colour Sound / Alejandro Bahamón, Ana María Álvarez
Copyright© 2012 Parramon Ediciones, S.A. Barcelona , España
World rights reserved

Translation Copyright © 2018 China Architecture & Building Press
本书由西班牙Parramón 出版社授权翻译出版

责任编辑：姚丹宁
责任校对：陈晶晶　张　颖

建筑的声光色——当代建筑的感官效应

[西]亚历杭德罗·巴哈蒙　著
安娜·玛利亚·阿尔瓦丽兹
喻蓉霞　译

*

中国建筑工业出版社出版、发行（北京海淀三里河路9号）
各地新华书店、建筑书店经销
北京锋尚制版有限公司制版
北京缤索印刷有限公司印刷

*

开本：880×1230毫米　1/16　印张：21　字数：354千字
2018年1月第一版　2018年1月第一次印刷
定价：238.00元
ISBN 978 - 7 - 112 - 18774 - 4
（27927）

引言

安娜·玛利亚·阿尔瓦丽兹

在这个新技术时代，建筑的感官体验是什么？建筑如何被感知？我们凝视建筑时能否唤起感官享受？

我们对建筑的感知已聚焦于视觉和触感，把嗅觉、听觉和味觉感受搁置一边。建筑被创造成为产生瞬间共鸣的独特形象，如同照片是对拍摄对象的单一描绘，没有空间维度或细枝末节。然而，在过去几年，开始出现从建筑和技术两个视角研究人造光源、色彩和声音在建筑中的运用。具备跨学科领域属性的建筑正在被创造出来，把艺术、建筑和技术关联融汇在一起。在这些建筑项目中，艺术家的参与或工程师的经验是设计和开发的基础。

用光、色彩和声音进行实验来营造建筑的出现，能控制旁观者的感觉和感知。这些建筑作为沟通工具，与各感官完全连通；尽管色彩和光线被认作视觉范畴，声音为听觉范畴，但所有五官均对其反应。人们通过对质地、材料和空间比例的感知，实现对建筑整体的体验交流：所有感官之间持续互动让事实明晰。

在信息量不断爆炸的当下，工艺和材料的选择能让一座建筑脱颖而出，并试图让人们改变对建筑的感知方式。通过建筑要素实现感官效果需要进行长期的探索、建议和修改，这一过程对于每个建筑项目都各不相同。一座建筑的效应不可重复、复制或转移。对旁观者感知的刺激越浓烈，参与他们环境开发的创造力越自由，激励越大。声、光、色的效果在建筑中有显著特色，令建筑独一无二，造就代表品牌或传播标识的建筑名片。

尽管每个建筑都是建筑师意图的表达（持久经历的造物），建筑与目前技术状况的紧密联系意味着，建筑虽然形体固定，但并非永恒，而且可以根据背景和环境进行改造和变换：建筑自造出后只要一直合适并满足需要就可留存。这种短暂性的特质反映出建筑问世的文化瞬间，它触发了对建筑重新解读的需要，更重要的是，要避免可使建筑瞬间过时的即时影响。这样，由光、色彩和声音造就的感官体验依赖于建筑的设定布置，所以建筑产生的声、光、色效果令其成为一个城市坐标。这样的附加价值成为创造审美性和功能性效果的途径：使街道和广场脱颖而出或统一风格，或使建筑与众不同、引人注目或富有生气。

建筑传达我们与世界关系的具体想法。建筑对其周边环境的理想效果围绕着人类身体和感官而构建。本书中的项目着眼于在建筑中无形元素的作用：使光、色彩和声音成为实体的技术装置。所选案例汇编了世界各地建筑师为使感官效果成为其设计的中心主题所使用策略其中的一小部分。每个项目的展示都紧密考察了其正式说明及其在构建现代景观中的作用。

本书开头题为《观点》（Points of View）的5篇评论中对这些项目进行补充说明，表示赞同感官效应在当代建筑中的重要性。这些评论表达了重视光线、色彩和声音在21世纪建筑和他们自己作品设计中发挥作用的专业人士和学术界人士的愿景。

光线

建筑的发展与人造光源的发展联系密切，尽管直到20世纪末建筑师们才开始把人造光源当作设计过程中必不可少的因素，而不是功能系统或多余粉饰。建筑本身成为光源，不仅满足可视性基本需求，而且营造出一种效果、氛围和情境。

光的使用原先局限于娱乐和商业区域：纽约时代广场、拉斯维加斯日落大道、日本新宿、伦敦皮卡迪利广场。

20世纪初，光线突出了建筑的结构，使建筑在夜晚富有表现力（通过移动和韵律）。设计过程中开始同时考量到夜晚和白天，以使建筑在日夜间的外观同等重要。因此，通过光线的使用，建筑的内部映射在外观上：玻璃能使自然光在白天透进建筑，夜晚却成为闪闪发亮的灯笼，照亮周围的环境。

在这种情况下，人造光源不仅仅是一种功能媒介，而且会令建筑在入夜后发生改变。建筑形式和材料在自然光或者人造光下有着不同的呈现；建筑的表面在白天和黑夜之间形成了鲜明的对比（例如白天看上去像实心的，夜间却变得透明）。在以光线作为设计基础的项目中，外立面不再是建筑内部和外部之间的围墙或边界，而成为独特的建筑表面。

随着建筑形式和空间规模的改变，本节中所展示的建筑物周围环境也整个产生了变化。

建筑不光被点亮，建筑本身也成为名副其实的聚光灯。白色或彩色的灯光以及视听元素的运用，将建筑渲染成一个体现建筑设计理念的巨大屏幕。

色彩

色彩往往用于突出建筑的某些部位；对其进行强调，令其透明不可见，抑或将其隐藏。一旦将色彩从其惯常的作用中分离出来，它就可以成为设计的导向元素。因此，建筑色彩带给人们的感觉取决于建筑的设置、历史、氛围以及光线。利用新的技术方法可以达到极其复杂的效果。色彩可以用于强调形式：如果一个众所周知的形状改变了颜色，我们的感知也会随之变化，它将不再是这么容易辨认。

色彩同时也是一种记忆方式。我们对拜访过的城市记忆往往和某种特定的颜色相关联：巴黎是灰色，纽约是蓝色，东京是红色，而里斯本是白色。色彩是一个城市皮肤的基本组成部分，它改变人们的情绪和对城市的认知。色彩有其自身的内在属性，其意义远远超过作为建筑表面的涂层。色彩改变了人们对目标对象的感受，或者更准确地说，改变了目标对象的状态：进而影响其实际情况。

在现代建筑的一些重点项目中，尽管仅仅作为一个补充元素，色彩依然是一个十分重要的概念——例如柯布西耶的一系列作品，如拉·图雷特修道院，查尔斯·埃姆斯的住宅，以及路易斯·巴拉干的塔和住宅。在20世纪的最后30年里，色彩不再是建筑的补充，而逐渐起到了主导作用——例如由伦佐·皮亚诺和理查德·罗杰斯设计的蓬皮杜国家艺术文化中心，理查德·迈耶设计的所有白色建筑，以及大都会建筑事务所（OMA）的首批项目中不同颜色光线的运用令人产生错觉。

虽然我们用眼睛来感知色彩，但其实我们的五大感官对颜色均有反应，因此，色彩被建筑师们用来作为说明他们想要传达何种想法的表达方式。而作为建筑构成的基本元素，建筑项目颜色之间的关系则是建筑师想法的初步表达：建筑物能够发出讯息。

至于色彩的使用和效果，通过此处所描述的项目中的显著特点可以证明不再仅仅是装饰元素，而成为强调建筑尺寸、界定空间体积的方式。色彩模糊了实际空间和想象空间之间的界限，令建筑的艺术特质和艺术风格更为突出。色彩令建筑从背景中脱颖而出，将其变得新颖离奇，令人意想不到。

声音

如同色彩一样，建筑中的声音也和人们的记忆相关。视觉印象会和某种声音相关联，而声音最终将跨越时间成为建筑和观察者之间的联系。建筑空间内部产生的回声往往是人们下意识的体验。因此，一些城市和建筑因为与特定的声音相关联而被人们记住。

本书中介绍的项目是声波建筑的实验性案例：它们独特的结构，与周围环境的相互作用，产生或包含了声音。令人叹为观止的是，这些建筑能够运用建筑元素创造出声音，并且将声音作为建筑的基础。这些建筑项目不仅包括专业设计的音乐厅，还包括自身能够产生共鸣回响或者让参观者通过触摸产生声音的建筑。

观点

光线、色彩和声音……系统的艺术

建筑和城市规划实验室

作为开篇，本章回顾了一组揭示了相关媒介和先进科技在当今艺术实践中的联系的20世纪前卫作品。艺术家们的方法基于建立创造工艺品的系统和流程，以及新兴的系统艺术或参数设计。

＜通感＞

在包豪斯时代，瓦西里·康定斯基将音乐作曲的原则——尤其是勋伯格的原则——应用到他的绘画作品中，并且发展出如其著作《艺术中的精神》（1912年）中所阐述的通感理论。他将通感描述为从一种感官模式到另一种感官模式的体验换位现象。康定斯基首先研究了两个基本问题：失调和暂时性，而不是通过光波和声波的频率更换音调和色彩的和谐。因此，他的通感方法不能简单地理解成音调-色彩之类的对应关系，而是揭示由颜色、构造和形状的相互作用带来的张力和情绪的视觉和声音的"和谐与冲突"模式，以此为基础的作品构成。在包豪斯学院期间，康定斯基潜心研究方法论以及约翰内斯·伊顿的色彩索引和保罗·克利、约瑟夫·阿尔伯斯的"赋格曲"画作使用的相同线条，而正是后者把音乐作曲的规律转换到绘画上。包豪斯方法将工业革命引起的技术和社会变革带入美学背景中，打破了纯粹艺术的传统，这也反过来挑战了艺术的概念本身。

同样，彼埃·蒙德里安研究了其表面静态的作品中视觉感知运动的问题。他通过光栅有节奏地移动产生的感知效果，试图在绘画作品现有的两个维度上增加第三个维度深度甚至第四个维度时间维度，作为运动的视觉联想。可视光栅移动的通感蕴含着蒙德里安实验的一个核心主题，这一主题在其绘画作品《百老汇爵士乐》（1941-1942年）中达到顶峰。该作品描绘了爵士音乐背景下从摩天大楼俯瞰的纽约市表面色彩和几何结构之间抽象的相互作用。在这幅画中，色彩区域对应具有特定音高的声音，而没有色彩的区域则对应没有明确音高的声音（蒙德里安称之为噪音）。画中的红黄蓝三原色就像标准音阶的一个个音符，令人回想起牛顿依据西方音阶的七个音符对光谱的分析。

蒙德里安主题中的其他关联还包括与动态或声波振幅对应的可视对象的大小，以及与时间位置对应的空间位置，很容易让人联想到车流在迷宫般的城市街道中穿行，抑或是即兴的爵士乐演奏中复杂节拍之间的相互作用。通过将音乐的时间序列参数与绘画的可视特征相结合，蒙德里安研究了绘画空间的感知和认知方式。他留给我们最伟大的馈赠是在艺术创作中以某种媒介的感知参数为基础建立的一套方法论，即任务（符号）的系统，而不是单纯地实现其构建一种通用语言的初衷。

＜作品汇总＞

光线、色彩、韵律、图像、声音；一个新型表演的基础和数据；我们可称之为电子演示……
——勒·柯布西耶，《电子音诗》，法国午夜出版社，1958年

1958年布鲁塞尔世界博览会上由勒·柯布西耶和伊阿尼斯·泽纳基斯为飞利浦展馆设计的作品《电子音诗》体现的不仅是一种新的建筑技术，更将建筑原则延伸至音乐和影像领域，并与其融合成一种现代的表达方式。作为一个具有历史性又非数字化的实例，《电子音诗》完美地诠释了参数设计。由伊阿尼斯·泽纳基斯设想的双曲线外部形状，和勒·柯布西耶构思的牛胃形的内部形状相叠加，构成了该作品与主要建筑原则（内部等于外部/形式服从功能）的冲突；同时

它也代表了传统建筑语言的解体，预示着当今以媒介为基础的设计方法。

一方面，新的静态结构原理的应用以双曲线数学函数作为基础——这也是在飞利浦展馆中作为插曲的伊阿尼斯·泽纳基斯的两个音乐作品《停顿之后》和《双曲抛物面具象音乐》的基础——可以看作是通过科学将空间、音乐和结构联系在一起的合理途径。这两个音乐作品的配乐代表了一个全新的音乐概念，利用数学函数和具体行为超越了音调和音符的局限。在《双曲抛物面具象音乐》作品中，双曲函数建立了一个声音演变的时间系统，同时也是音乐的空间语汇，例如密度、增长等等。数学函数作为声音实体和空间实体的应用是泽纳基斯整个作品中的一大主题，其作品《波利托普》以及粒度合成理论如今对这一主题进行了最好的诠释。

另一方面，展馆的内部形状构成一个流动的有机空间，如同一个虚拟的洞穴内部布满投影的图像，展示着人类与科技的历史，这可以被视为将形式按照语义层面进行文化方式的表达。意大利电影导演菲利普·阿戈斯蒂尼拍摄的镜头按照时间顺序列入色彩序

1958年布鲁塞尔世界博览会飞利浦展馆外观，艾恩德霍芬德鲁克BV.公司承蒙巴特·卢茨马邀请

飞利浦展馆《电子音诗》第三乐章"从黑暗到黎明"中的手部骨骼

列，使整个内部空间如同漂浮在某种单一的色彩中一般；同样的原理也应用于平面设计师让·珀蒂的书中，他将透明的页面分别插入书页中，排列构成了作品。这种抽象的色彩玩法强化了序列和节奏的感知。埃德加·瓦雷兹受展馆委托创作的《电子音诗》在乐谱上也借鉴了这种方式，并且被认为是最早的电子音乐作品。展馆内"空间化"的声音由遍布整个展馆内部的425个音箱制造，让聆听者沉浸在环绕的声音中，同时也增强了图像和彩色光的同步空间投影效果。由此，一个开创性的环境，一个"作品汇总"展现在大家面前：展馆辅以视听材料作为建筑设计的组成部分，由电子技术通过全新的方式连接不同的感官方式，实现机器的奇观。

这两种看上去相反的设计方法形成了空间、色彩和光线之间相关性的统一视觉感知；这种视觉感知体现了科技与美学在符号形式的建筑中的相互关系，这也是飞利浦展馆设计的基本主题。从这个角度来看，展馆的设计体现了实证主义的观点以及1958年世博会将科技进步作为新社会新起点的目标。以泽纳基斯/柯布西耶的作品为例，空间和形式、光线以及声音无论在参数层面还是文化层面都产生了紧密的联系。

＜自动化＞

通过将空间、光线、时间等非物质元素与由其衍生出来的实体形式（例如建筑、电影、视频、舞蹈和文学）进行设计结合，尼古拉斯·谢弗已设法将自文艺复兴以来一直分离的各门学科汇集起来。他的作品涉及现代技术，例如电脑。他预见了包含艺术家和公众创造性互动的城市视听空间的设计集合。

——《声音和视觉的结构：理论和实验》，尼古拉斯·谢弗尔（1912—1992年）于1983年发表于《Leonardo》http://www.olats.org/schoffer/savs2.htm.

与《电子音诗》几乎同一时期，尼古拉斯·谢弗的首个自动化雕塑设置在柯布西耶设计的马赛公寓的屋顶，代表了媒介和建筑艺术之间关系的第二个重要

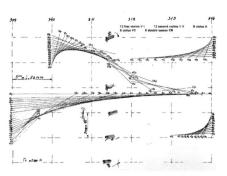

1954年伊阿尼斯·泽纳基斯作品"停顿之后"的滑奏示意图

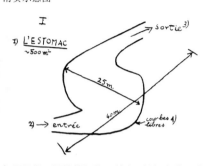

伊阿尼斯·泽纳基斯的飞利浦展馆概念草图《飞利浦技术回顾》

尼古拉斯·谢弗《自动化空间动态1》，1956年

尼古拉斯·谢弗时间10，1978年

前进步伐。《自动化空间动态1》由各种形状色彩的金属扇叶和金属板组成，并装有话筒和光电管。在雕塑的圆柱形基座里，一个由飞利浦公司研发的电子设备调节由环境信息引发的各种运动。色彩（=光线）和声音的多种变化影响运动的设备以反映参数变化的强度。例如，尖锐的声响或蓝颜色诱发剧烈的摇动，而低声响和/或红色的亮光导致相反方向的低速运动。《自动化空间动态1》是第一个从环境中获取其数据的互动式雕塑，作品名称来自于自动化和时间动态的双重原则合并，亦可解释为动力学、光和声的原理。

　　每个表面，无论多无足轻重，都能被转化成一面"光墙"，借助时间或光照雕塑的彩色移动投影，被彩色聚光灯照亮，在其底座上缓慢旋转。一些光墙通过在各种尺寸屏幕上的鲁米诺-动态效果获得，活动秀的使用者-计划者最终将可控制、调整这些效果并令其多样化。

　　　　　　　　　　　　——尼古拉斯·谢弗

http://www.olats.org/schoffer/murlum1e.htm.

　　在其作品《时间动态》中，尼古拉斯开发了电子化时间基准程序，通过旋转镜子和彩光投影机触发视觉效果，在雕塑前的屏幕上建立反射。最后的光绘是程序化动力学雕塑创造出不断的变化，并且游客也可驻足感受力学体验。接着，谢弗创作了——或是独自创作，或是与音乐家泽纳基斯和皮埃尔·尚浮合作创作——无重复的音乐作品。这些雕塑景观是互动式以系统为基准的艺术发展中的里程碑，其审美本质上取决于所用系统的相关度。这个方法在客观与主观之间创造了一个新型关系，例如谢弗在巴黎的作品"自动化大厦"，是城市流动和生活及他对城市自动化设计的"反射器"。如今，他的自动化设想能被视为60年代艺术的先锋，源于不断增长的后工业化社会技术进步已成为一个普遍现象，而艺术在其中再次发挥了新社会秩序中重要作用。

< 数据映射 >

装饰与音乐之间存在直接联系，意味着装饰品即

音乐。如果你观看我用合成音进行实验的胶片，你将看到边缘有细长的锯齿状装饰图案，这些装饰品是绘制出的音乐——即声音，如果通过投影仪放映，这些图形声音会播放出迄今为止闻所未闻的纯净音调，由此很明显，打开了未来音乐作品梦幻般的可能性。

——《声音装饰品》，奥斯卡·费钦格，《德国总汇报》，1932年7月8日，http://www.oskarfischinger.org/Sounding.htm.

奥斯卡·费钦格的《声音装饰品》成为系统艺术的另一个重要前进步伐，然而，他的作品并非是使用20世纪20年代典型的不同媒介之间的通感，而是推出一种全新的方法。

通过一种媒介映射到另一种媒介所实现的相互关联的精确过程标志着一种美学的结构和语义基础，由标识和代码层面的操作过程决定所产生的结果。过程本身——及系统——成就了创作，实现了重要性。费钦格创作了他的《声音装饰品》或音乐，不是基于其作为音乐家的背景和视角，而是基于其作为一个视觉艺术家的角度。

基于1920年代先锋艺术家们进行的方法论研究——比如包豪斯派和建构主义派，试图将当代技术进步融入艺术作品的概念和生产中——费钦格的《声音装饰品》与约瑟夫·艾伯斯、瓦西里·康定斯基、莫霍利-纳吉及他们同时代艺术家的实验有直接关系。

拉兹洛·莫霍利-纳吉的建构主义电影《黑-白-灰》使用图形正负叠加摄影工艺，通过探测其动态雕塑《光空间调制器》"来绘制运动的光线"，而费钦格则是直接把视觉模式映射成音乐。然而，他们作品的共同点是通过寻找一种新的视觉和声音体验来发掘电影艺术的边界。所以，费钦格在1930年代进行的实验预示了20世纪后半叶的美学轮廓，更具体说，预示了计算机时代。

费钦格的作品对埃德加·瓦雷兹等作曲家产生重大影响，瓦雷兹在1930年代后期到达美国后不久在加利福尼亚认识费钦格。确实，1920~1930年代的通感方式和1960年代的自动化作品之间可以画一条直线：二者由对参数和以系统为基准的艺术的追求相联接，发掘它们所处时代的技术来建立创作艺术作品的方法论。这些例子只是从1920年代和1930年代信息时代美学先驱作品中选取的一小部分而已。

奥斯卡·费钦格《声音装饰品》，1932年　　　　拉兹洛·莫霍利-纳吉《黑–白–灰》，1932年

＜信息＞

过去几十年的技术发展为工业社会向信息社会转变提供了基础，伴随着电脑和通信技术扩展了我们的感官。身体、物质、空间和时间的概念因其结构、过程和系统引出时空的新拓展而日益被信息单位所定义，如网络、实时沉浸和互动，以及物质性的新拓展（纳米技术和智能存储器材料）和生物学（基因技术）。这开启了一个巨大的艺术实践领域，基于信息化概念促进新文化规范和语义的探索。

数码媒介的其中一个特点是将所有信息减少到二进制信号，无论是图片、文本、空间或声音。所有数据作为二进制序列进行储存，通过程序语言和传输协议管辖的网络通信的界定构成计算的基础。所以，媒介通过其程序流程在结构和语义层面同样统一信息。而谈到数字媒体，等同于把时间和空间结构里的程序关系放置到数据当中，继而延伸至不同种类的文本、视觉和声音数据。

不过，不同媒介的相互关联必须通过导入其自身方法、流程和代码进行编程（结构化语言）描述。从而，这种信息映射导致艺术作品创作的系统性思考。

"编码"在结构层面和语义/文化层面作用相同，对应前面提到的"符号"，但也揭示了操作情况（一个系统必须在一个所选技术平台运行）和一种美学关联。所以，谈到系统的关联性，涵盖一种媒介模式的重要性不亚于某一套系统的文化语义关键词。

对一小部分前数码作品的回顾强调了20世纪持续寻求一种在设定标识系统中的艺术方法，这当然不仅依赖于技术也依赖于文化环境。由此看出，在此列出的20世纪先锋作品已经反射出当今在数码领域的艺术探索，并通过作品的普遍观点架构出我们对审美关联的理念。

建筑和城市规划实验室1997年由曼努尔·阿本罗斯、杰罗姆·德考克、亚历山大里亚·普兰尼沃斯和埃尔斯·沃蒙成立，总部位于布鲁塞尔。工作室致力于图形材料创作、视听表现和大型全景画，其作品已在欧美各博物馆和艺术节展出。

新42大街工作室

普拉特·拜厄德·多维尔·怀特建筑事务所

新42大街工作室大厦与同时代新出现的仿作和"主题建筑"大相径庭，其本身就被视为一件作品，而非纽约州过去建筑和风格的强制重现。

当我们看到所提供的项目背景和计划时，逐渐产生了采用拼贴画的构思，并认为这是最合适的方法。该项目要求高，不仅包括了基本元素——几个排练室和办公空间——还有一个黑匣子剧院、进入工作室的入口、一楼零售空间，以及迂回戏剧公司在一楼的主要展示，这尽管不是新大厦的一部分，但与大厦连接在一起。此外，我们还需要整合现有的6层楼高的建筑外立面，按照纽约州"42大街现在进行时！"计划创造标识和照明。不同于大街上其他建筑将标识和照明视为大厦用具，我们将其与大厦相互融合，使标识和照明成为一个抽象构成作品的中心元素。事实上，整个大厦是一个提炼自我们对项目背景和计划理解（http://www.oskarfischinger.org/Sounding.htm.）的三维拼贴，我们制作出各种不同的片段，然后对应42大街的个性将它们拼凑贴合起来。

拼贴的第一部分是按要求整合现有的6层高塞尔温办公大楼的外立面，这是一个起决定性影响的设计。我们了解我们可以一定程度上深入探寻方法解决现有建筑和计划提议之间的冲突。一项重要元素是支架，位于铝制玻璃幕墙前方的悬挂穿孔不锈钢百叶窗叶片网格—用作持续光线辉映播放的屏幕，同时使景致在室内即可欣赏，从室外看则倒映在外墙上。

塞尔温大楼外立面于1997年12月发生的重大事故中坍塌，因此我们不得不重新考虑大厦正面的整体安排。塞尔温大楼的外立面象征着一些具有重要历史价值的元素，也是拼贴的一个关键部分。同时它还发挥必要直接的纲领性作用，即为黑匣子剧院和功能厅提供重要支撑空间。取而代之的是较小尺寸的分层玻璃遮光屏，用二向色分光片透光，滤光玻璃使其在白天呈现出五彩斑斓的光与色。若你面向大厦，左侧是光"管"——拼贴的另一个元素，单个圆柱形光体（高175英尺或53米）。

照明设计师安妮·米利特罗来自科特斯照明公司，具有纽约市剧院项目的背景，及为百老汇和非百老汇戏剧演出设计照明的经验。项目组延伸了在夜晚运用光线的方法和材料的使用，米利特罗开启了大楼外立面设计可能性，抓住了参与到项目中每个人所发挥的想象力。一排穿孔不锈钢叶片组成了一个屏幕——成为由米利特罗设计的美妙绝伦的计算机编程灯光秀的展示媒介。以42大街的直接动态作为参考，灯光的无穷变化与街头活动的变化水平相呼应，工作日变化较平缓，周末则变化较快。这种灯光"表演"持续整周进行，但如计算机停机，灯光保持不变，大厦从剧院和雕塑艺术视角看上去仍是一件艺术品。

新42大街工作室被构思成自身照明的建筑，大厦似乎是一个照明器材和符号。整体上，工作室大厦最终体现了42大街对照明和标识的要求，大厦成为一个通过光线凸显信息的物体。

这个街区的其他建筑全都是关于消费，提供产品，它们为你带来一出戏剧，一部电影，一顿美食，一件衣裳或一个纪念品。

而新42大街工作室是为了展示创造和提供一种街头剧场的活动过程。

整栋大厦清晰地表达了这个理念，尤其以一种开放式展露其内部活动过程的方式。因为街道视线的限制，你可能无法一直看得到排练室里的人们，但你会知道排练室里进行着某项活动——你理解到活动正在上演。我们希望将大厦表述为一个创意工厂，纳入和展现拼贴的所有不同组成部分。每一个拼贴元素被一一敲定，仔细斟酌。这种机会不是每个建筑项目都可以提供的，所以，新42街公司成为我们的客户令我们倍感幸运。

建筑事务所：具备30多年美国创意项目经验的建筑公司，从事的工程包括萨吉诺艺术博物馆扩建、位于纽约西70号大街的舍里思犹太教会大楼、位于纽约的教育联盟艺术学校以及纽约第七团军械库改造为展览中心项目。公司有40位员工，由负责人查尔斯·普拉特、雷·多维尔和山姆·怀特经营。

完全的室内成果

柯布西耶、埃德加·瓦雷兹、伊阿尼斯·泽纳基斯、
巴特·卢茨马《电子音诗》

超过25年的时间里，柯布西耶的飞利浦展馆和他的影片《电子音诗》一直是其最为神秘的作品—尽管成千上万的人已在1958年布鲁塞尔世博会上见识过了。《作品全集》仅展示了飞利浦展馆的三幅从馆外拍摄的照片和一个早期模型。在馆内展示的柯布西耶影片——由埃德加·瓦雷兹配乐，泽纳基斯创作前奏《双曲抛物面具象音乐》——长久以来无法呈现出馆内的重要彩色投影。唯一的文献资料是让·珀蒂为飞利浦所著关于《电子音诗》的书的三个不同版本和一些在《飞利浦技术审查》上的技术文章。鉴于当时技术困难导致开馆推迟至开幕式后数周，杂志和报刊上关于1958年布鲁塞尔世博会的专题报道也极少展示过飞利浦展馆，就算有，展示出的也仅是展馆的外观。

世博会结束后，飞利浦展馆被拆除。因此柯布西耶这一建筑作品更为人知的是其革命性的造型，有趣的双曲线平行表面，及无与伦比的预应力混凝土结构，厚度仅2英寸（5厘米）。超出了原本预期的效果：首个主要依靠计算机的仿真电子多媒体环境。

即便柯布西耶和瓦雷兹最终开发完项目后，飞利浦展馆也并没有达到预期的效果。飞利浦展馆的参观者们被吓了一跳，并且感到不适，而且不同设备之间的同步有所失败，最重要的是，飞利浦的技术人员在最后关头擅自对程序进行了更改。

柯布西耶接受委托设计飞利浦展馆的主要原因是期望开发出光和声的壮大奇观，他把建筑本身塑造成"一项完全的室内成果"[1]，而把展馆的构造交给合作方、工程师和作曲家泽纳基斯。"鉴此，我需要一笔经费，不是用来造只需花很少钱的建筑，也不是造应该是中空结构由灌注混凝土制成的建筑，如他们所说那种彻底缺乏"建筑学气息"光辉的建筑"。[2]

在绘制飞利浦展馆第一版草图时，柯布西耶首先想到的是某种有机体概念，底层平面图看似一头牛的胃部形状。但基于他对屠宰场和工厂的组织结构的赞赏，他脑中还有一些更机械化的参考："应看上去像你正要进入一个屠宰场，然后一进去就，砰一声，脑部受到重击，你就完了。"[3] 正是这一脑部重击激发了柯布西耶的兴趣，即便按如今的标准，《电子音诗》也算得上一部原始而激烈作品。

1. 飞利浦艺术总监L·C·卡尔夫与勒·柯布西耶1956年2月25日的谈话笔录
2. 勒·柯布西耶1956年9月写给卡尔夫的信函
3. 毕比博，《采访里特维尔德》，《自由荷兰》杂志，1958年4月19日

1958年布鲁塞尔世界博览会飞利浦展馆，艾恩德霍芬德鲁克BV公司，作者私人档案

视觉部分由三个元素构成：图像投射、灯光和彩色投影程序、两个塑料图形——一个是裸体女性，另一个是几何体，代表物质和精神。《电子音诗》总时长8分钟（480秒），由7个图像序列构成，每个序列都有各自的彩色光线投影，产生一种加强或与图片效果构成对比，使图像流形成一定结构的格调氛围。

"这种氛围环绕500名观众，带来穿透感的心理和生理知觉：红色，黑色，黄色，绿色，蓝色，白色。激发观众油然而生的感觉，感受到日出、烈焰、风暴还有难以言喻的光辉。"[4]

< 移动的壁画 >

尽管包括建筑学教授马克·特雷布在内的评论家认为《电子音诗》大体上属于电影艺术传统[5]，柯布西耶未把这一作品视为一部电影，而是一副巨型移动的壁画。事实上，他创作《电子音诗》的方法基本上与

他1932年在巴黎展出的为瑞士馆创作的《壁画摄影》异曲同工。长久以来柯布西耶并不愿意在作品中运用壁画，只能接受在无法实现建筑视角满意度的墙面上使用壁画。这样，壁画能够产生一种爆炸性的效果，打开另一个空间，这也正是他希望在飞利浦展馆产生的效果。《电子音诗》里的图像几乎没有考虑到展馆的形状和结构。在照片中，我们看见这些图像与一束束光线和一簇簇扬声器重叠交映。的确，真正的"室内成果"要属《电子音诗》。

瓦雷兹的音乐在《电子音诗》的正中间有片刻的安静，同时空间内部配上猛烈的白光。尽管如今这部影片在演示时通常都进行了配乐，但是若没有彩色光线的氛围，这部作品仍旧是不完整的。影片仅在1998年由威廉·赫林和汉克·安鲁斯以柯布西耶原版作品《定时》的水彩色为基础改造重建了电子版本。图像序列主要由散发强烈标识个性的黑色和白色照片组成，一张照片快速紧跟下一张，并与短条黑白影片交替。综合起来，图像通过世界各地的艺术，技术成就的描述以及战争场面的重现（第5序列有核爆炸场景）向我们讲述了人性的故事，引申至一系列展现贫困的人们和无数的婴儿的图像以及柯布西耶的建筑作品实例，作为通向未来的开始。从图像和彩色投影的关系

4．让·珀蒂，《勒·柯布西耶的电子音诗》（完整版未删节，布鲁塞尔，1958年）
5．马克·特雷布，《以秒计算的空间——勒·柯布西耶和埃德加·瓦雷兹的飞利浦展馆》（新泽西普林斯顿：普林斯顿大学出版社，1996年）

飞利浦展馆外观，艾恩德霍芬·德鲁克BV公司，作者私人档案

安装大厅，艾恩德霍芬·德鲁克BV公司，作者私人档案，《飞利浦技术回顾》

中科院预见到，在柯布西耶最后的画作中作为作品基础的绘画与色彩一起发挥功能，是一种遵循其自身规律并与线条互动的独立形式系统。

画作象征性和非象征性方面的独立处理源于实验性美学的鼻祖之一，即法国政治家和教授维克多·巴希(1863 - 1944年)。巴希认为，审美体验应被分离成几个基本部分：色彩、形式、节奏和音调，每个部分进行独立分析。当然，他也赞同相反的观点：即艺术作品可以通过使用"科学"知识进行创造。巴希的理论对早期柯布西耶和其知己阿梅德·奥占芳产生巨大影响。在题为《艺术和视野》的文章中，奥占芳写道："我们并不确切地知道它如何发挥作用（但我们究竟确切地知道什么？）。然而显而易见的是，虽然独立于每个可以理解的处理或评价以外，形式和色彩足够强烈到可以影响我们的首要感觉。"他列举了一系列例子，继续阐明色彩如何在人和动物上产生足够强烈以至于影响行为的回应，例如斗牛，或是其他某些工作情况。

他写道："在里昂的卢米埃尔工厂，生产照相底片的工坊使用宝石红色的灯光，后果导致男工们持续处于性奋状态，欲火难耐，而女工们开始生越来越多的孩子，简直糟透了！后来，用令人平静的绿色取代了红色，生育率就突然下降到平均水平。"[6] 柯布西耶

_____
6. 阿梅德·奥占芳，《现代艺术的基石》(伦敦，1931年；1952年)

或许不希望《电子音诗》出现这种惊异结果。无论如何，飞利浦展馆本应是一个集中调节机，从某种不算小的程度上基于仅仅这些"色彩浴"的组成。不同色彩的投影同等重要，或可能比图像更重要，恰好因为色彩投影有这种直接即时的心理生理效应。

< 一体化建筑 >

瓦雷兹的音乐，混合了电子声音、录制的杂音和在艾恩德霍芬一间工作室里此专门创作的几缕旋律，同样令观众徜徉在声音之中。 超过300个扬声器安装在展馆的墙壁上。声音的空间编排可能是展馆最革命性的一面，不仅音乐的任何片段可以在馆内任何角落播放出，而且音乐还可顺着所谓的参观路线游荡。所以，才会在入口上方听到"啊，上帝"的呼喊，一种被技术人员称为"小鸟儿们"的拍翅膀声音在水平方向迂回流转，最后，一种哨音冲至展馆的屋顶。

除了扬声器和10支120瓦扩音器外，2个录音带播放器也用来控制声音，一个有3音轨，另一个有15音轨，还使用了一个功能强大的用于继电器箱和电话交换机的电池，一个预报器。这些设备都是一式两份安装，以防出现功能故障。总而言之，全套设备让服务间外观看上去像第一颗人造卫星发射的指挥中心。按照计划让参观者欣赏完奇观后通过服务间直接走出展

紫罗兰色氛围
艾恩德霍芬·德鲁克BV公司，作者私人
档案，©飞利浦公司

序列2《物质与精神》中的部落雕塑
艾恩德霍芬·德鲁克BV公司，作者私人档
案，©飞利浦公司

序列2《物质与精神》中的面具
艾恩德霍芬·德鲁克BV公司，作者私人档案

馆外，而透过窗户看到服务间内的情景让人知晓这一奇幻的景象完全归功于飞利浦的科技。不为人知的是用于使所有设备同步运行的中央因特洛克机器当时还未安装好，所以当时参观者看到的《电子音诗》版本纯属天公作美。这并未对影片造成太大差别，瓦雷兹本来就旨在营造一种"分离"感，从物质中提取出"一种来自反差的力量，一种紧张气氛两极的动态对抗，可视也可听的韵律。"[7] 然而，他在《我亲爱的柯布》里坦白道"我无法在《电子音诗》播放的最中间片段获得宁静感，它已成为整首作品最响亮的片刻。"[8]

而在21世纪早期的现在，我们终于可以评价飞利浦展馆的全部意义（不仅仅是因为长期被认为丢失的档案和文件重新获得）。《电子音诗》似乎孕育出一种中心任务是唤起氛围的建筑风格。新电子媒介可以同时产生视觉、触觉和听觉效应，从而丰富和扩大了古典建筑风格。这如同将一个新的篇章加入到戈特弗里德·森佩尔的《代谢理论》：中心思想是在历史进程中，技术进步的影响使某些材料被其他材料取代，同时转回其最初的面貌。

泽纳基斯比柯布西耶和瓦雷兹更清楚地理解这个理念。他在柯布西耶办公室当建筑师时就因作曲声名

鹊起了，然而，他加入飞利浦馆工作初期仅担任建筑师——建筑外观可算他的本职工作——直到最终他获得机会为飞利浦展馆作曲。这首曲子将在一批参观者离开展馆另一批参观者进入展馆的间隙播放。《双曲抛物面具象音乐》这首曲子暗指"具象音乐"和具体建筑材料混凝土，也指飞利浦和测量酸性的级别，曲子里闷烧木炭的声音回荡馆内，噼啪作响的声音让参观者感觉经过精心巧妙建造的钢筋混凝土外壳——厚度仅2英寸（5厘米）——开始坍塌，就这样唤起了参观者五种感官体验。

在完成飞利浦展馆后，柯布西耶思考自己如何将"电子游戏"（他这样命名自己发明的艺术形式）融入建筑中。但独立延续《电子音诗》电子传统的是泽纳基斯的作品《波利托普》，它具备了都市与建筑学含义的声光奇景——或者反过来说，在都市建筑里融合了音乐和视觉奇观——直到后辈建筑师通过运用新科技方法进行了承袭。

巴特·卢茨马：建筑学，设计和视觉艺术领域的历史学家、评论家、馆长。他是因斯布鲁克大学建筑理论教授，维也纳视觉艺术学院建筑史、建筑理论和建筑批评教授，著有书籍《超级荷兰》、《亚琪实验室2004》、《赤裸城市》，与迪克·里肯合著《媒介和建筑》。

---

7. 奥戴尔·维维尔·瓦雷兹（巴黎：塞维尔出版社，1973年）
8. 同上

美好的波动

米切拉·美扎维拉

< 3 个元素 >

在过去几年，我有幸在国内国外重大项目中担任照明设计师，与各位专家和同仁共事。这些项目有既涉及技术挑战又兼具具体功能要求的建筑照明，也有让人有机会尝试美轮美奂灯光想象力的实验性短期照明装置，有花费巨款的项目，也有我只用了几张纸和4根荧光灯管就解决了的项目。然而，这些项目的基本要素总是一样的：光线、色彩、声音，通过精心安排，用心配比，合适地运用到不同种类的项目中。自然光是免费的，但人造光也可以恰如其分地运用。我们通常无须在设备上花费太多，因为真正的价值在于光源的合适安置，在于光与影的游戏，在于色彩和质地的强调突出。

虽然这些元素均各有其自身的特性和用途，但事实上是它们之间的相互作用令我们的感官愉悦，产生一种新的感知维度。

然而，确切地说，既然色彩本身已经是光线和某种材料接触后作用的结果，那么从客观上讲，色彩并不存在！真实原始的"原材料"是光线和声音，两者均为独特不可触摸到的元素，超越了物质性，但以一种非常复杂的方式与物质本身发生作用。

这两种物理现象可以解释为叠加和相互作用的波动的结果，波动可覆盖很大的区域，并且可同时经过不同地方。光线和声音真正具有无与伦比的物理属性，但——从感知的角度看——它们处于所有感官之上，是属于每个人独一无二的个人感觉体验。或许这就是为什么我喜欢把这些波浪想象成野性十足的奇幻物质，就算这些物质要遵循其物理法则，光线和声音总有一些令人不可思议的地方。

<实践>

在我的建筑项目中，用一句著名的口号来形容光通常是"白色、白色或白色"。实际上，这种项目中彩色照明的使用是非常精细的工作，但并非所有白色光都一模一样，有的白色偏暖，而有的偏冷。采用"白色"光并不意味着拒绝运用色彩，相反，这意味着色彩的运用变得更微妙。由罗杰斯·斯特克·哈布与合伙人公司设计的位于西班牙贝纳菲尔的伯德加斯普罗托斯酒庄，我设置了不同深浅的暖白光。不同白光的变化很微小，在4400—5300华氏温度之间（2700—3200加尔文度），但每种白光都用来突出某一特别材料，要么是顶棚上的木材，结构暴露的混凝土，或是有光泽的不锈钢大桶。这样产生出整体可控和标准化的建筑光线，但时不时也可惊喜地捕捉到主庭院里水在光线下碧波荡漾闪闪发光，宛如呼应天空的表情和贝纳菲尔城堡的风景。酒庄的照明围绕几个设置，基于每个设置必须满足的功能性和葡萄酒的生产周期。

光线一般是温暖而弥散的，但在葡萄丰收的季节，即生产过程的最佳时期光线会激增。我们可以说伯德加斯普罗托斯酒庄的光与贝纳菲尔的声音协调一致：乡村开放空间的宁静静谧，缓缓风声，远方的静穆景色，还有废弃的村落。这种悠闲的韵味每年被忙碌的葡萄丰收季节惊扰一次。

我参与的其他项目里，声音已是界定好的。当走进巴塞罗那的加泰罗尼亚音乐宫时，尽管并无人演唱或表演，人们似乎也完全能听到一种形态和色彩的交响乐。雕塑似乎要飞出墙壁，人们的目光在一个个色彩间舞动。在这感官的高潮和充沛生机之中，最自然的反应就是去吧，再一次去追寻"白色、白色，或白色"的光，集中注意力找到合适的色泽、焦点和强度。头脑发热的瞬间，我们希望用彩色光线来照亮建筑。事实上，整个空间布满上千种色彩、光线和阴影的触觉，但反而，只有殿堂显得灰暗，傲然立于这一视觉音乐之上。

2008年萨拉戈萨博览会"水与城市馆",伊塔洛·罗塔和努斯里工作室,帕布罗·马特尼兹

伯德加斯普罗托斯酒庄,2004-2008年,罗杰斯·斯特克·哈布与合伙人,比奥斯卡与博特

因此,我们尝试这种模糊的效果,令我们惊讶的是,略微的蓝色显然赋予殿堂新生命,带来更明亮的光泽,使其与周围事物更加和谐。在波兰什切青音乐厅,一切都还未开始工,工作有待开展,但仅瞥见EBV拍摄的图片,就让人蠢蠢欲动,可以想象音乐厅的美妙音乐。从外部看,音乐厅是个玻璃结构,宛如白色的冰,发出寒冷的光,感觉像贝多芬第五交响曲,但其内部却藏着一颗温暖的心,照明灵感来自于奥地利和意大利剧院,甚为理想上演普契尼歌剧的音乐厅。

在所有这些建筑照明项目中,声音和色彩对于我来说已是基础的启发性元素,相比而言,我反而能够把短暂性装置变为无可争辩的明星元素。然而,在创作照明方案时,我经常从音乐里找到灵感,无论是为光线伴奏或是提供一个照明设计脚本。萨拉戈萨世博会的水与城市馆是低技术含量的一个真正挑战。在用RGB LED灯和多媒体屏幕进行展示之中,我们决定放置几个简单的防水投影仪——专门用二向色滤光片定做——集中用来在屋顶悬挂的莱克桑叶片上产生五颜六色的效果。我们起初满怀兴奋地选择了齐柏林飞艇乐队风格的音乐,希望重现光和色的星云图的随机性,达到一种缥缈轻快的效果,尽管后来我们重新挑选了一个更庄重的萨蒂风格旋律。

在和世界华文媒体集团的工作中,我们没有运用色彩,仅采用了黑白两色,基本理念是正极-负极、开-关二元性,重复和节奏。我们做了一个黑色背景配白色LED的矩阵和一个非常低分辨率的屏幕,光线从屏幕亮起并对纯粹的休止节拍进行强调。在《感官的隧道》中,我们的想法是游离于感知的临界,当空间、光和声的界限似乎消失时,观众的感官被提升到最大值,因此,我们想象出一种光的极低水平,配上近乎微小无法察觉的声音。《总督夫人之梦》是为巴塞罗那总督宫安装的临时性装置。从总督和总督夫人的故事里获得灵感,我幻想他们徒劳无功地寻找淹没在假想的森林中的宫殿。

《感官的隧道》，2005年，与罗伯托·埃鲁特里　　　《总督夫人之梦》，巴塞罗那，2008年，
　　　　　　　　　　　　　　　　　　　　　　　　阿奎斯特与阿诺什

　　参观者进入微妙的绿色色调光线的空间里，宫殿在光线和声音的效应下摇摆。继续向里，他们碰到潜伏的影子，听到楼梯间嗒嗒脚步声，接着来到露台处，露台被森林掩映，暗含着两个主人公的秘密。露台上自然纯净的背景声音由音乐家卡洛斯·巴洛塔在亚马逊雨林现场录制。

　　光线、色彩和声音是建筑再次容光焕发展露其奥秘的方式，最令我欣慰的无疑是看见人们多么享受进入我一直梦想的境界，捕捉那些他或她的感知中最为密切的"波动"。

　　我认为，光线和声音在一起运用时它们的魔力更加强大，因为我们的感知维度被展开，我们的感官被放大了。

　　在这些情况下，我们不仅通过视觉或听觉，还通过视觉和听觉之间互相作用处理信息，这就触发了萨拉戈萨世博会水与城市馆低科技含量这一真正挑战。在RGB LED灯和多媒体屏幕展示中，我们注入隐喻感觉和诗歌，用瓦雷尔·努瓦利纳的话说"不可预料的事物等待着我们……通过倾听黑暗，用耳朵看到，再次发现孩子们的疑问。"

米切拉·美扎维拉：建筑师、照明设计师，欧洲设计学院巴塞罗那校区教授，参加多所欧洲大学会议，在光线艺术、建筑照明项目和光线安装方面与罗杰斯·斯特克·哈布与合伙人、让·努维尔、拉梅拉建筑事务所、b720费尔明·巴斯克斯建筑事务所、帕特里克·格纳罗联营公司共事合作。曾为《光》、《建筑》、《建筑师》撰稿。

空间的声音

克里斯托弗·詹尼

< 溶解问题 >

如果我绘画学得更好的话，我绝无可能与声音结缘。

在创意过程中，你无法同时充当工作的观察者和参与者。若你试图在参与的同时进行观察，这会玷污你的看法，同样的，若你在充当观察者时尝试参与，你会失去客观性。所以，你不得不决定要么观察要么参与，要知道你无法两者兼顾。换个方式来解释这一现象，你要么在气泡里面，要么在气泡外面。在工作之前，你承诺置身事外观察，评论，作出评判，你必须保持待在这个范围来真切观察发生了什么。若你选择进入气泡内，你下意识的评判会导致偏颇。

在我即兴创作的世界里，这意味着在重大准备之后（路易·巴斯德说"机遇偏爱有准备的人"),你必须撇开有意识的大脑，折服于当时瞬间，迈入气泡中，参与并重在当下。

对于我，这种双重性也发生在左脑和右脑间。左脑和右脑进行着两种非常不同的思维过程和两种不同的感觉方式：认知的与直觉的。屏蔽一种方式要求一定量的自律和练习。如果你混淆了这两种方式，那么你会经常稀里糊涂和困惑。

或许这是我的双鱼座困境——两条鱼永远困在循环困惑的窘境中。如果我做A，我就不能做B，反之亦然。但我也发现，最后的解决方法既不是A也不是B，而是新出现的C，C也反过来消除了非A即B的问题。这经常需要跳脱出问题去其他逻辑上不许合理的地方找寻答案：将物理学和经济学相结合，或生物学和结构工程学相结合，或者以我为例，将建筑学和爵士乐相结合。

这或许也是海森堡不确定性原理的解决之道。答案不是同时知道位置和动量，而是以一种完全不同的视角处理问题。这可能是古印度哲学中探讨的意识七种平面之一，或者可能是弦理论提出的十个维度之一。（或意识到，这两种概念模型，一种基于科学，另一种基于哲学，但实际上指的是同一件事物。）

自行车手© 现象艺术公司

双鱼座© 现象艺术公司

心理学家告诉我们，我们的有意识的心理仅占整个大脑不到百分之十，直觉是与潜意识相连接。为更多地了解大脑，你不能直截了当地"用眼睛看"，而应该游走在周围"与潜意识共舞"。这绝对是在所有层面上的合作——生理上、社交上和智力上，其诀窍在于学会尽可能离火近地跳舞而不会失足跌进火焰中。

最后，我热爱阅读艺术家们的传记，我热爱了解是什么影响了某部作品或想法，因为这通常不是大众的观点和见解。例如，马赛尔·杜尚对新研发的X光摄影和公共嘉年华的兴趣影响了他开创性的作品《大玻璃》的布局。鲍勃·迪伦被誉为当代音乐最伟大的歌曲之一的作品《像一块滚石》，起初被写成一首节拍慵懒的华尔兹。了解现实生活如何游说改变了艺术想法对我而言十分有趣。

所有这些影响了我的工作：我被训练成为建筑师和爵士音乐家，我尝试过将这两个看似毫无关联的学科融合起来。有时候我觉得我尝试让建筑更加自然，在某一刻更"有生气"。其他项目颠倒这一样式——试图使音乐更直观，更有形。

< 声音是看不见的颜色 >

设计师解决问题，艺术家提出问题。

在纽约生活时，我继续阅读更多艺术类书籍，参观美术馆和博物馆，看演出，大量吸收艺术和建筑场景。这促使我更多思考建筑行业对比艺术家"什么样生活"的稳定性。对于艺术家，我曾认为，那根本就没什么。然而，渐渐地，艺术对于我来说成了物理实体，尤其在我阅读更多关于马赛尔·杜尚书籍的时候。某一夜，我突然想到，艺术可以和建筑一样有实际存在感，艺术只是有千变万化、改头换面的物理形式。有时艺术能在颜料中表现，有时在混凝土里表现；但当其美好时，当你正看着/听着/摸着/闻着/尝着时，艺术就是非常有形的东西。

对于我而言，是杜尚持续剥去了功用性，把精髓暴露出来。我读到杜尚曾说："一个标题宛如看不见的颜色。"尤其在他的作品《带胡须的蒙娜丽莎》和《新寡妇》里，我可以看到标题如何表达和延伸了创作理念，还有杜尚如何一直推动通感事件—这些事件

调高热度©现象艺术公司　　　　　　　　　　　　　太阳钟©现象艺术公司

里，不止一种感官在活跃，无论是双眼还是智慧，或者，正如在《隐藏的噪声》里，是双眼、声音和思想。

所以，我很快意识到在视觉环境中的声音也可以是这种"看不见的颜色"，能为视觉或建筑信息加入另一新层面。从那开始，声音成为媒介的相互作用，推动观众/参与者到达他们选择的层面。

＜从平淡无奇到荒诞不经＞

如果你去往它所在之处，在你到达之前它就会消失。所以，往它不在的地方前行，保持双眼睁开，两耳打开。

当评判我自己的作品时，我喜欢看它坐落在这条线上的哪里，如果太过平淡，那就是朴实无趣的，如果十分荒诞到人们无法理解作品或其中蕴含的任何关系，那对于我来说，它就是另一种截然相反的特质。在和我的学生讨论时，我要求他们就此各举例子。

那么这条线上哪个点是最好的呢？我认为是中间偏右，相比平淡更加荒诞，但又不荒诞到你无法掌控。它有"钩子"吸引人，无论是现实的楼梯，或在地铁月台等候，或透过透明的遮光玻璃看向这个外面的现实世界。

但它同时兼具足够的荒诞，留出问题，激发好奇心，刺激想象力——在你上班的路上邂逅一只"音乐椅子"？在某个冷漠的环境里如地铁上挥动你的手（不是特地跟某个人打招呼），穿过五颜六色的光线如同实现童年"身处彩虹中"的梦想里。

当然也有平淡无奇和荒诞不经非常接近的例子，如在一些极简主义艺术中：

罗伯特·威尔逊《聋人一瞥》，1970年
卡尔·安德烈《等价物之八》，1966年
史蒂夫·雷克《四风琴》，1970年
唐纳德·贾德《无题》，1969年

我认为，这便是使极简主义艺术如此强大的原

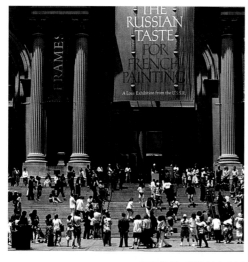

声音楼梯©现代艺术公司　　　　　　　　　　声音之梦，现代艺术公司

因，好东西是既无趣又荒诞的，但不是绝对无趣或绝对荒诞。对位法激发了一种不平衡、发问、未解决问题和好奇心的感觉，有时候（误导）导致过度思考，"有的越少，可以谈论的就越多。"

外面的鸟儿们身上，从而漏掉了一个关键词？

4．于是，在他脑子中有"一个人"处理他正听到的话，并和他自己的想法、价值观和思想混合在一起。

＜每个交谈中的四个人＞

我告诉学生们，要复杂很容易，对于一个艺术家或任何人来说，最困难的任务就是简洁明了。

1．有"一个人"在你脑海中，你的思维很清楚你想要表达什么。这是一个绝好的想法，你需要让全世界都知道。

2．有一个人是我们看到的你，"这个人"正在说话。确实，话从你口中而出，但你说的话的确是你思维中想表达的吗？

3．在房间里还有另一个"人"倾听你口中说出的话。他听到了你说的全部吗？抑或某一瞬间他心思在

克里斯托弗·詹尼，美国建筑师、爵士音乐家，目前正在普瑞特学院建筑学院做"作为视觉媒介的声音"讲座。自1980年以来，他一直经营自己的多媒体项目工作室"现代艺术"。他创作了各种运用光线和声音的互动型装置，力图为建筑找回更多自发性（《彩虹走廊》，《到达：纽约》），使音乐更具可触性（《心跳》：与莎拉·拉德纳和米凯亚·巴瑞辛尼科夫共事）。

大力精品购物中心

台湾高雄UNI工作室

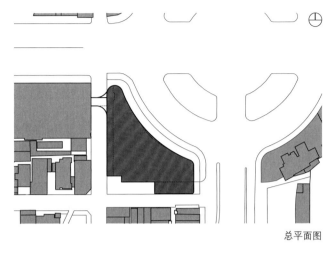

总平面图

　　无论在规模上还是重要性方面高雄都可算上中国台湾地区第二大城市，同时也是重工业的枢纽。目前高雄正进行城市改造，寻求强调其城市现代感，以塑造有吸引力的适合居住的城市形象。从这一前提出发，高雄建设了一个大型购物中心，将市民放入中心舞台。由本·范·伯克尔和卡洛琳·博思于1999年创立的专门从事都市开发和基础设施项目的联合网络工作室被选中来承担这一巨大任务。

　　大力精品购物中心位于一个主要路口前的三角形区域，建筑在形态和功能性方面建立了一个清晰的内部和外部关系。外部覆层的设计力图使建筑外立面更具深度，同时通过围绕露台的空间安排来实现与内部的连接，行人（或潜在顾客）可从露台进出。玻璃墙的运用让露台从视觉效果上与外部连接。外立面本身形成了名副其实的都市宣言，建筑最长的一侧做成曲线造型，将整栋大厦向城市开放。

项目类型　购物中心
照明　联合网络工作室、奥雅纳照明
总表面积　394,000平方英尺（36600平方米）
照片　©大力精品购物中心，2008年，联合网络工作室©克里斯汀·理查斯

外立面的设计方案反映了建筑内部产生的活动，这就解释了为什么包含餐饮区域的顶部几层被安置了较少的直翼（甚至具有较少深度），来创造更大的透明度，打开景观视野。

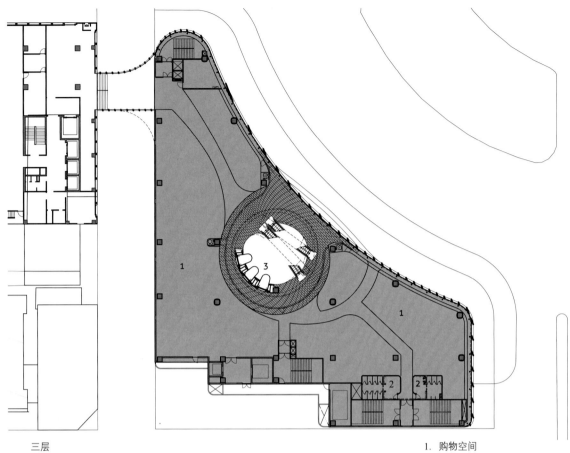

三层

1. 购物空间
2. 服务点
3. 中部空间

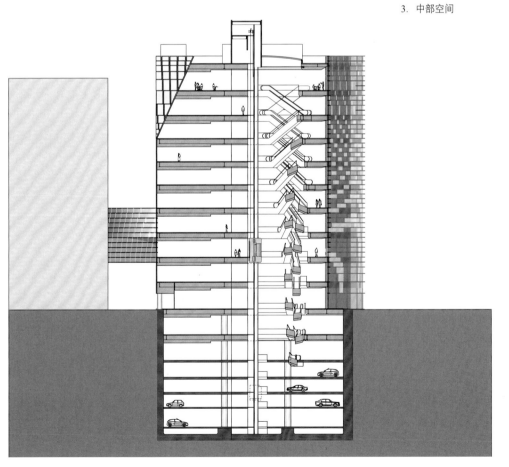

横剖面图

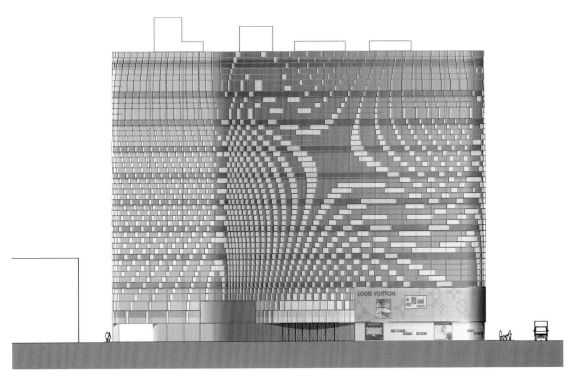

东立面图

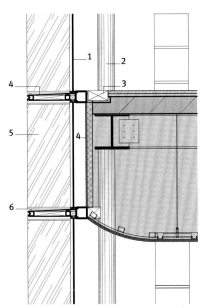

购物空间详图

1. 低排放钢化玻璃
2. 钢柱ø165
3. 反射器
4. 经高电阻粉覆盖的铝板
5. 钢化玻璃翼
6. LED外壳

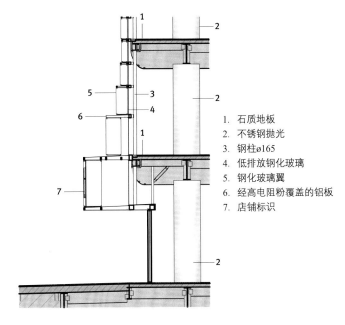

主入口详图

1. 石质地板
2. 不锈钢抛光
3. 钢柱ø165
4. 低排放钢化玻璃
5. 钢化玻璃翼
6. 经高电阻粉覆盖的铝板
7. 店铺标识

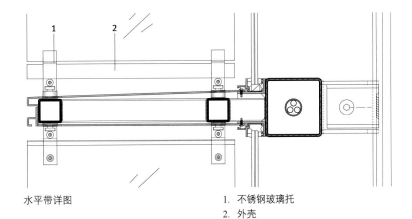

水平带详图

1. 不锈钢玻璃托
2. 外壳

　　在联合网络工作室参与此项目之前，早期方案由王朝设计集团和HCF建筑事务所绘制，这些基本方案和结构都得以保留。联合网络工作室的设计师们意图在早期项目的基础上构建无立柱的大型空间，留下一个直通大厦所有12层楼的巨大中空，来创造一个连绵的视觉和空间流动。这个中空位于主要空间的边缘，是一个呈螺旋状直通上屋顶的圆形开口，这样每层电动扶梯的位置被移动10°产生的光学效应，造成从底层到顶棚总共110°的旋转。

　　外立面由横向铝条和竖向玻璃翼组成，横条之间间隔3英尺（1米），所以楼层的顶棚从外面看无法分辨出来。玻璃翼翼由低含铁量的钢化玻璃制成，以提供最佳清晰度。这些元素通过动画程序组合起来，经风水先生评估后，最终选择了一个红凤凰的形态设计。由于双面印有点点，玻璃翼在白天呈现白色，在夜间，位于每扇玻璃翼底层的数码控制LED灯产生千变万化的色彩形态效果，从远处即可欣赏到。

中部空间是大厦内部主要特点，发挥竖向展示窗口的功能。在其周围，流动空间由玻璃墙划界，提供进入店铺的入口。这个流动空间强调了内部和外部的关系，相似地，内部的瓷砖也体现出外立面放射状的形态。

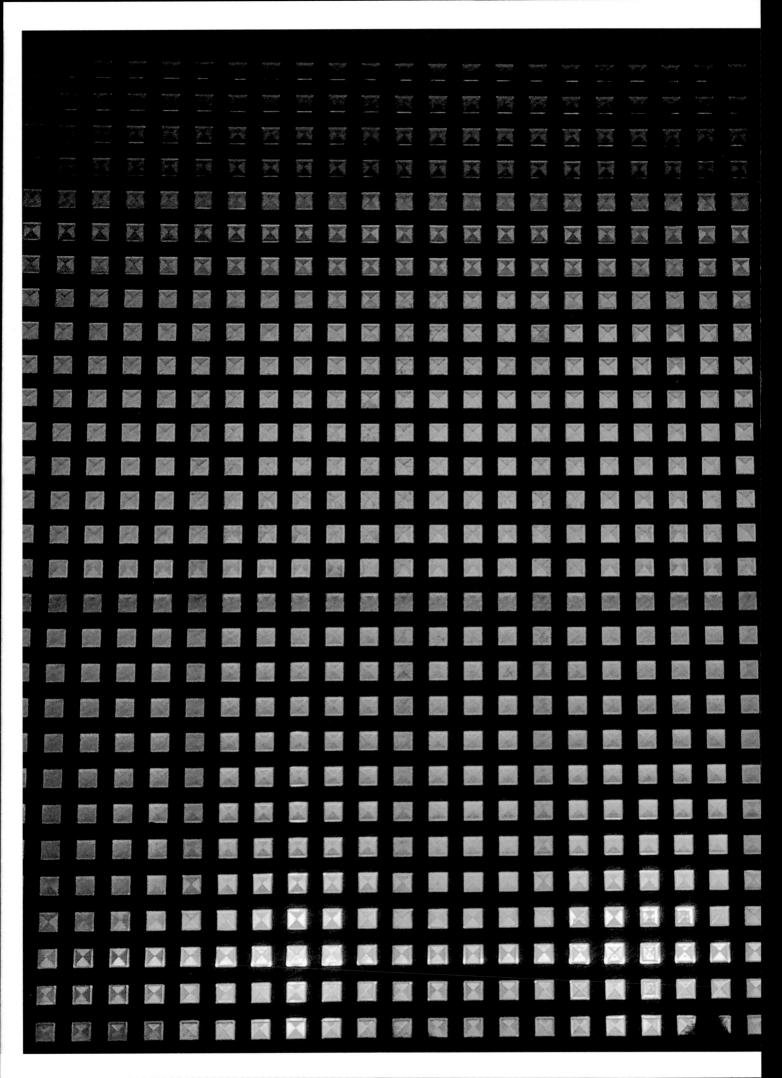

幻彩聚光

奥里亚克，法国布里萨克·冈萨雷斯建筑师事务所

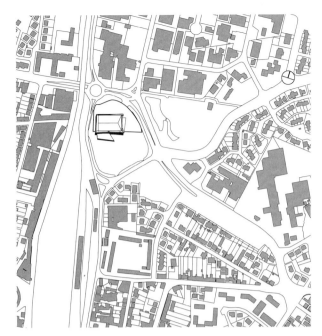

总平面图

奥里亚克（Aurillac）是法国中央地块奥弗涅西南部的小镇，棱镜大厦位于主要火车站附近的广场，是处于改建翻新并将连接城市历史中心的区域，内部和外部均设有空间，可举办大会、会议、展览及各式各样的演出、音乐会和体育赛事。主厅可容纳4500人，并且舞台和座位可拆除移走，这样通常固定的空间就可灵活使用。

该项目由布里萨克·冈萨雷斯建筑师事务所设计，曾获得一项建筑奖。建筑从远处看应该是一个实体，细节简单。为了充分利用风和日丽的天气，建筑师采用了三维结构来反射太阳的光线。弯曲的外立面使用的椎体砖产生出一道道阴影，使建筑在白天傲然耸立。

彩色外立面的顶部用在葡萄牙特制的砖块建造，每块砖内侧的波形表面产生一种菲涅尔风格透镜，可以强化落在砖块上的光线，无论是自然光还是人造光。

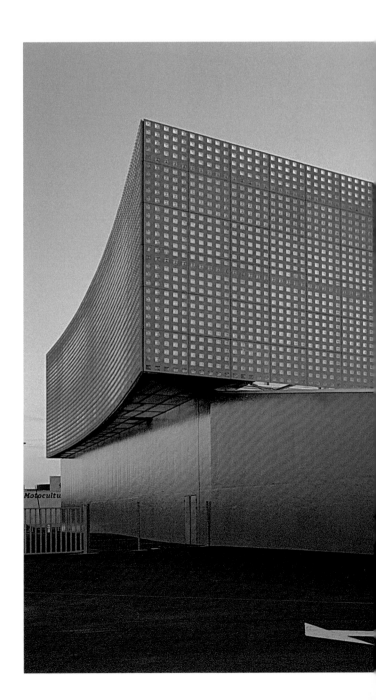

项目类型　多功能空间，用于体育赛事、展会和演出
照明　布里萨克・冈萨雷斯建筑师事务所
总表面积　57000平方英尺（5265平方米）
照片　©海伦・比奈

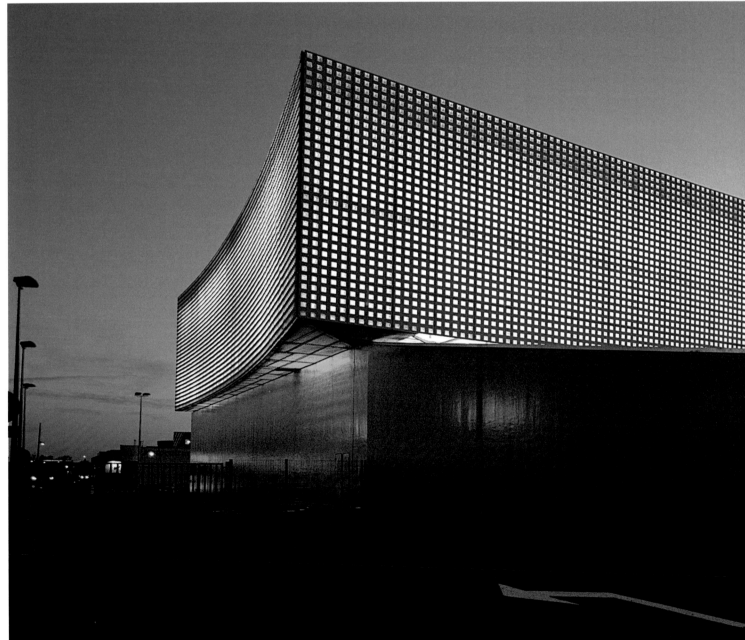

顶层外立面使用的锥形砖产生的效果在白天和夜晚各不相同。在白天,每一块砖的透镜都反射着阳光,在夜晚,安装在外立面内部的灯投影出不同的设计效果,来呼应室内正在发生的活动。

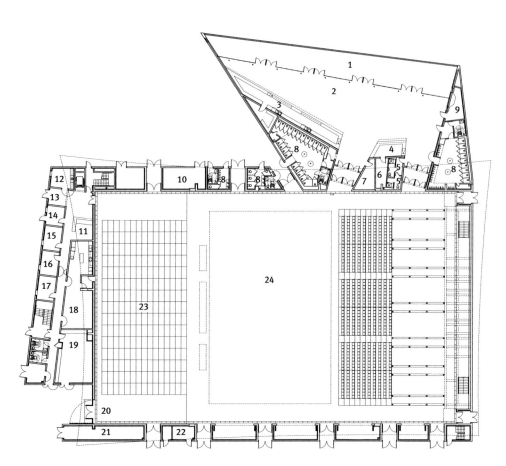

底层

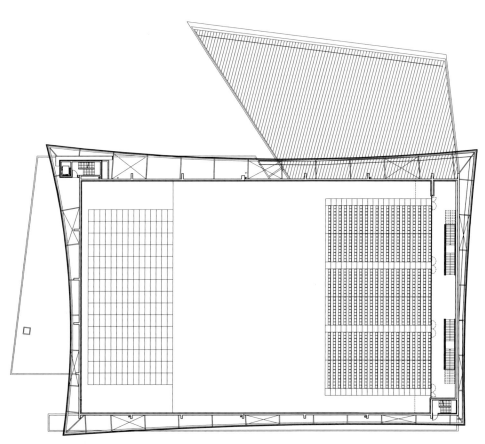

高乐队水平

1. 公共入口
2. 门厅
3. 酒吧
4. 柜台
5. 大厦员工休息室
6. 生产
7. 店铺
8. 公共卫生间
9. 控制室
10. 商务空间
11. 接待处
12. 急救室
13. 舞台门
14. 储物服务
15. 声光技术人员
16. 制作方
17. 大厅经理
18. 餐饮
19. 多功能厅
20. 技术人员和运货入口
21. 工坊
22. 安装
23. 舞台
24. 可拆卸漂白剂

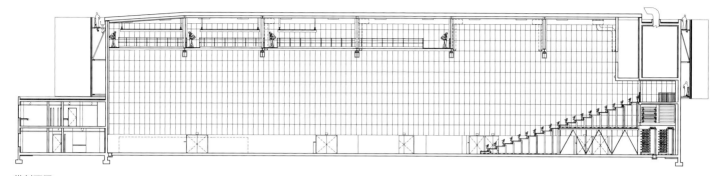

纵剖面图

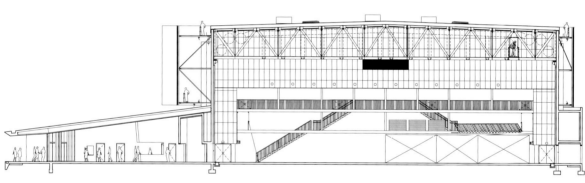

横剖面图—门厅

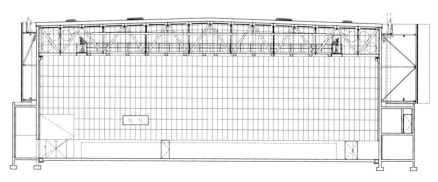

横剖面图

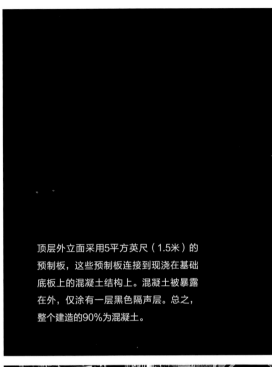

顶层外立面采用5平方英尺（1.5米）的预制板，这些预制板连接到现浇在基础底板上的混凝土结构上。混凝土被暴露在外，仅涂有一层黑色隔声层。总之，整个建造的90%为混凝土。

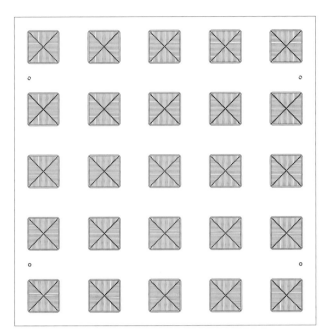

预制板详图

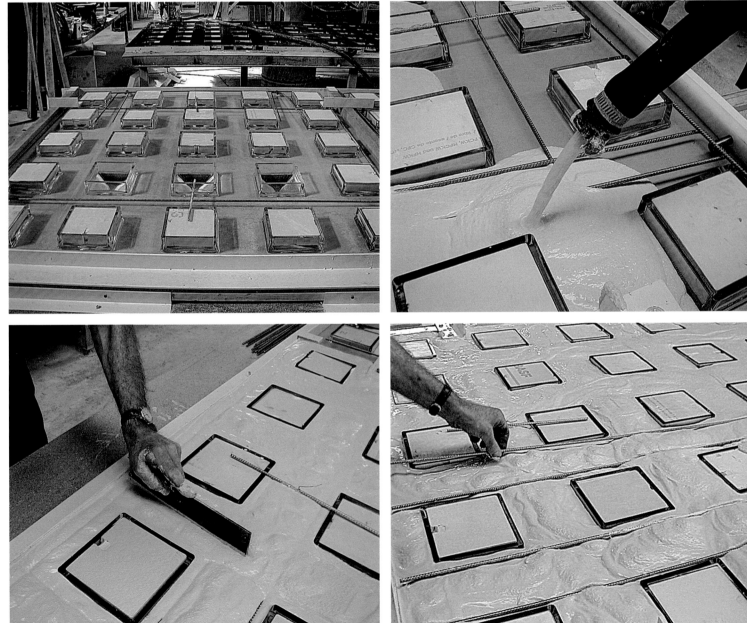

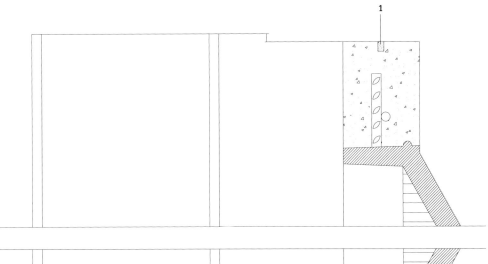

1. 聚亚安酯
2. 不锈钢ha6
3. 雨水槽

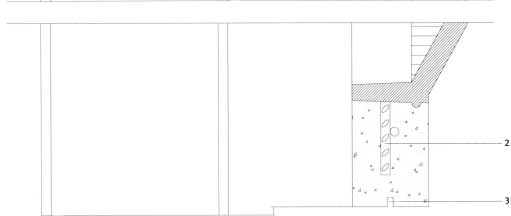

墙板建造细节

1. 不锈钢ha6
2. 垫圈/塞子
3. 支撑构件
4. 弧形不锈钢条
5. 氯丁橡胶垫圈

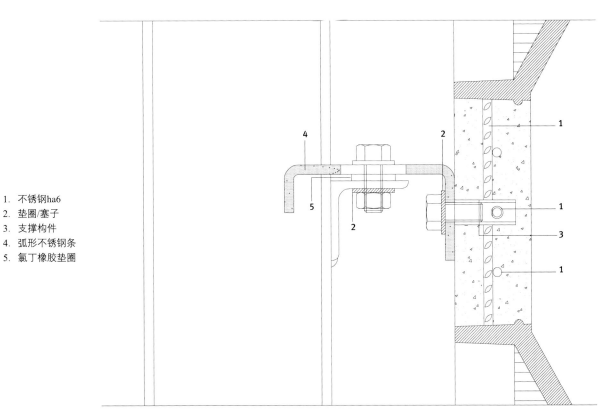

墙板建造细节

25000块锥形砖被安置在建筑内部、外立面顶部和底部的人造灯照亮，照明效果可通过24种不同程序进行调节，共有1-8种颜色。同时照明程序还能够与在不同空间内举行的表演相配合。

大楼由三个具有不同高度和纹理且能根据用途调节的横向结构构成。第一个横向结构（底层），包括门厅在内，高20英尺（6米），外立面上的波浪标记出进入大楼的入口。另外两个横向结构包括各店铺和举办活动使用的设施。横向结构的位置和连接给设备和技术服务预留出空间。

在建筑内部，整洁的几何构造和有限几种色彩的运用与室外的丰富色彩形成对比。门厅没有设立柱，宽131英尺（40米），长197英尺（60米），高39英尺（12米）。门厅的尺寸足够小型叉车自由操作来移动为举办活动使用的设备。由于混凝土地板的灰色反映在白色顶棚上，整个空间看上去似乎是同一种颜色。

德克夏大厦

比利时布鲁塞尔 实验室[au]

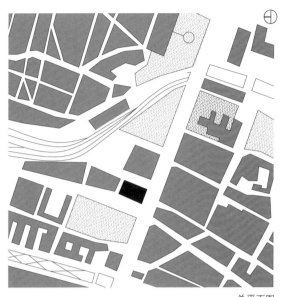

总平面图

　　建筑和城市规划实验室LAb[au]是一家比利时公司，使用源自艺术和科学的方法论从多学科角度进行工作，专注于研究技术进步及其在建筑学演变中发挥的重要作用，创建了代表交互式图形材料和设计视听设备安装的计算机应用。建筑和城市规划实验室的工作包含在完成支撑照明的基本设计之前首先映射一个时间和空间的照明程序。公司把照明设计视为一种沟通的方法——照明即信息。

　　德克夏银行大厦是位于布鲁塞尔最繁忙区域之一的一栋办公大楼，由菲利普·萨米恩及其合伙人建筑工程事务所、M. & J. M.贾斯伯-J.埃尔斯及合伙人共同合作于2006年设计并建造。大楼外立面通过双层玻璃通风，设有一个连续固定的外层，一个可以打开的移动内层，为窗玻璃之间的空间——内设带三种不同颜色LED灯泡的滑轨——提供入口。自2006年以来，建筑和城市规划实验室已创造出三套高475英尺（145米），垂直扩展，囊括全部4200扇窗户的建筑视听装置。最近的一次创作是2007年的《谁会害怕红绿蓝?》，该装置将红绿蓝这三种颜色组合起来重新产生其他颜色，将大楼外立面变成城市中的光线焦点。

项目类别　临时装置
照明　芭芭拉·海德格与建筑和城市规划实验室
外立面面高度　1560平方英尺（145平方米）
照片　©建筑和城市规划实验室

作为《谁会害怕红绿蓝?》的展示部分，该项目以点线面的几何语言为基础。光线的强度颠覆了昼白夜黑的逻辑，使午夜成为最为光亮耀眼的时段，早晨的光线水平反而更柔和。

这个工程包含几个图形项目。一个项目通过色彩代码表示时间，红色象征小时，绿色象征分钟，蓝色象征秒。另一个显示布鲁塞尔天气预报的项目与比利时皇家气象研究所合作，用颜色和几何图案表示第二天的温度、云量、降水量和风向预测。一开始，建筑和城市规划实验室于2007年9月组织了一场名为"Spectr|a|um一夜"的活动，由具有国际声誉的艺术家们创作的一系列视听和照明作品，来纪念布鲁塞尔的不眠夜。当时的构思是让光谱和声音与大厦的建筑形态和都市背景相结合。

工作组为德克夏银行大厦设计的第一个装置是2006年名为"接触"的交互式艺术展示，通过一个触摸屏让路人直接与建筑进行互动。安装在大厦前方广场上的装置通过识别触感和手势产生点线面的图形语言，继而在建筑上形成可见的组合，然后被拍摄下来，制成明信片从网站发出。这个互动装置的设计基于一个折叠又展开的空间这一构思，把空间元素与时间参数相结合，反映出大厦的秩序和活力。

触摸屏

一个指纹=一个点

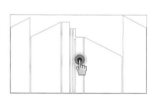

用色彩调和空间

更多接触 = 更多点

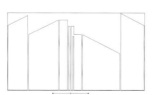

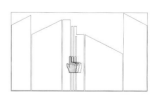

展开的外立面

增加的移动 = 移动的数个点

1. 框架
2. 斜坡
3. 触摸屏
4. 长椅
5. 屏幕

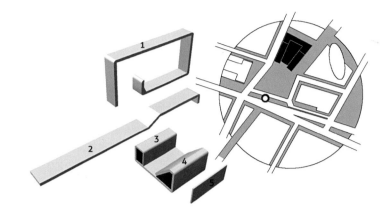

分解

66

南立面图

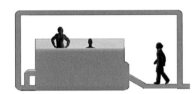

北立面图

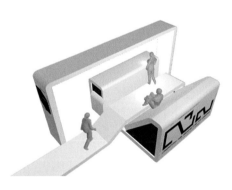

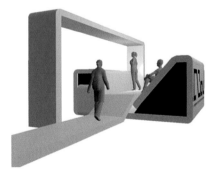

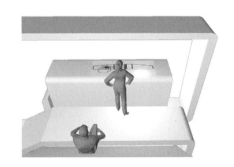

透视图

触摸屏需要15英里（25公里）长DMX电缆（从1层到第39层）来连接电路中大厦4200扇窗户。此外，22盏蓝灯和40个3瓦特LED灯专门为了立柱而特别制作。第九层装有一个中央计算机，根据创制的设计尺寸可以在不同水平面上隔离或混合不同颜色。

纳尔逊·阿特金斯艺术博物馆

美国密苏里州堪萨斯城，斯蒂文·霍尔建筑事务所

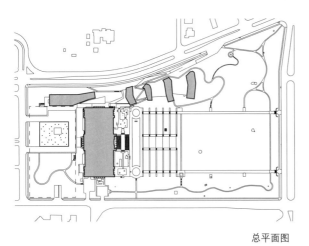

总平面图

　　纳尔逊-阿特金斯艺术博物馆成立于1933年，是美国最著名的博物馆之一。1999年，斯蒂文·霍尔建筑事务所经过国际角逐赢得了纳尔逊-阿特金斯艺术博物馆扩建和翻新的设计项目。建筑师们沿着这栋毗邻18英亩花园的历史性建筑的东侧设计了5座"玻璃盒子"。新楼覆盖表面面积 161000平方英尺（15000平方米）——扩大了博物馆55%的规模。

　　新的玻璃盒子依地面起伏的轮廓设置，沿着迂回的小路流畅地织入雕塑花园中。建筑师们希望这些新元素能通过其透明、光亮、穿透性、打破循环感及其周围景象形成与现有建筑之间的对比。

　　因为创造了大型石头广场和反射水池后，建筑北侧原本的入口效果得以加强。在建筑的一端，最大的一栋楼发挥了通往旧楼和其他新美术馆的门厅作用，新的地下停车场建在水池下方，利用水池底部的特殊玻璃设备照明。

项目类别　艺术博物馆
总表面积　415000平方英尺（38597平方米）
照片　©罗兰德·哈比

纳尔逊-阿特金斯艺术博物馆扩建部分的色彩、几何学和配置与旧楼的古典建筑构成和材料形成对比。玻璃盒子的结构由U型玻璃制成，是一种加长U型半透明玻璃的极其坚硬的构件，其质感和印刷玻璃相似，可以自我支撑，因此直立和弯曲的隔断无需任何金属支撑。

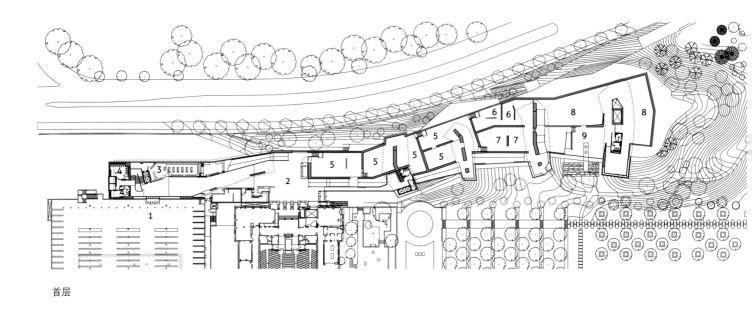

首层

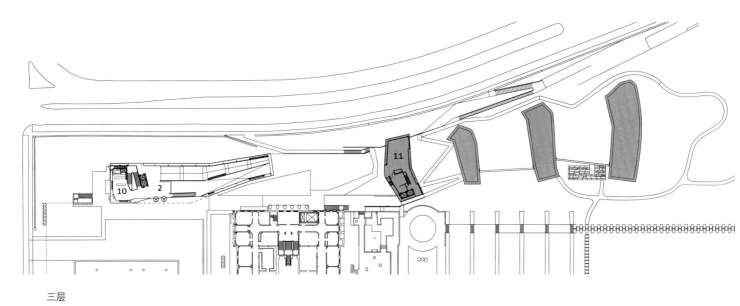

三层

四层

1. 停车场
2. 大堂
3. 店铺
4. 卫生间
5. 当代艺术馆
6. 摄影画廊
7. 非洲艺术馆
8. 特殊展览
9. 野口画廊
10. 咖啡厅
11. 活动室
12. 图书馆
13. 多功能厅
14. 办公室

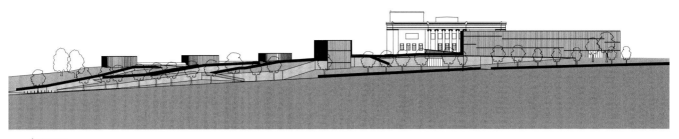

东立面图

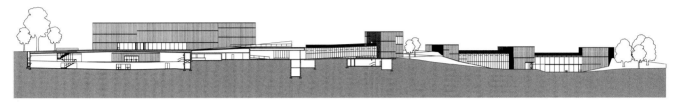

西立面图

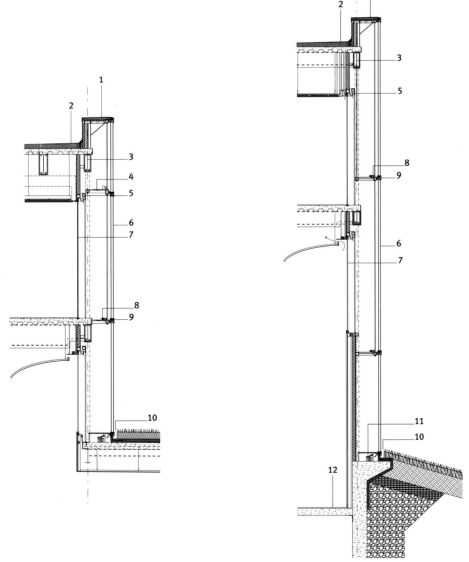

施工详图

施工详图

1. 铝制顶部
2. 橡胶防水
3. 钢结构
4. 维修走道
5. 百叶窗控制
6. 低含铁量双层玻璃窗
7. 夹层玻璃
8. 灯
9. 中型天沟
10. 小型不锈钢天沟
11. 可拆卸格栅下面的固定灯
12. 木地板

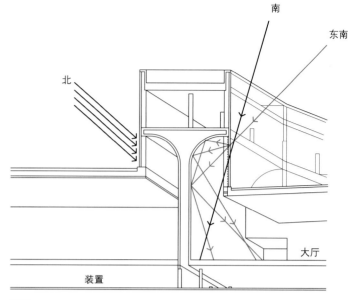

南

东南

北

大厅

装置

详图

几个新馆的设计顺着连绵的地形，无形中打开了面向花园的视野，令参观者迷离于各种层次和景观的循环展览中。相似地，楼顶的回声也随着外部地形而起伏。

这些玻璃盒子的外立面如同大型的灯笼，提供了博物馆内部事件和活动的信息。为了符合传统观念限制自然光进入——防止艺术品暴露于紫外线后遭受损坏，艺术馆坐落在大楼底部，并安装了玻璃滤光镜，阻挡有害射线。

在结构方面，各艺术馆如同光和空气的分散器，生成一种"呼吸的T"，支撑玻璃并聚集通风道，建筑的曲面则反射自然光到内部。此外，外立面的双层玻璃得以在冬季维持阳光的热度，在夏季帮助热空气流通。

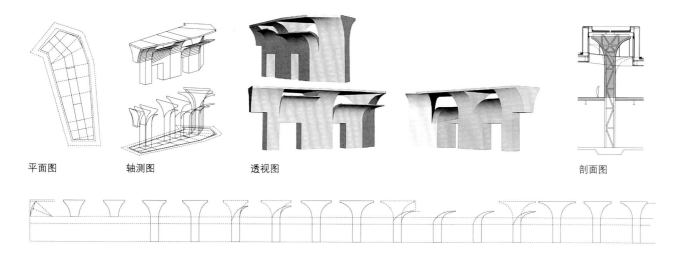

平面图　　　　轴测图　　　　　透视图　　　　　　　　　　　　　　　　　　剖面图

示意图

轮胎店

苏黎世，瑞士卡门英德演变建筑事务所

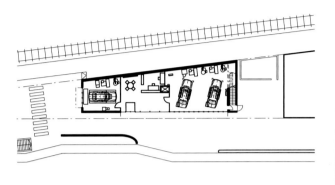

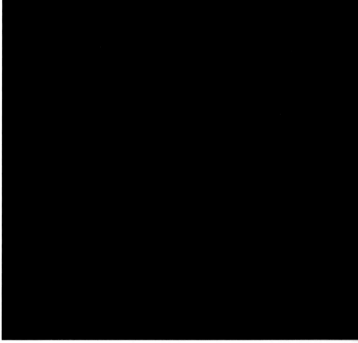

总平面图

轮胎店位于苏黎世中心和郊区住宅带的边界，是标志城市入口的文化参照点。建筑所处的区域反映了对该地区的社会经济发展影响，有数个加油站、折扣店和24小时营业的便利店，服务不断穿梭于市中心和郊区的人流。这种持续的活动和变化是该建筑设计的首要灵感。

建筑上层的玻璃外立面是一个2153平方英尺（200平方米）的交互式表面，供由轮胎制造商赞助的年轻艺术家们在传统美术馆外展示他们的作品。这样，当车辆开过这个区域，路人等候火车的时候，轮胎店就成为展示艺术的空间，创造了一种让艺术和商业的常规界限变得模糊的新途径。

建筑首层的外立面由玻璃覆盖，防止雨水淋湿金属墙板；在建筑的上层，金属板和玻璃外墙内侧留出20英寸（50厘米）的间隔供安装艺术品，这个区域照明采用安在顶棚内的荧光灯。

项目类别　轮胎店和艺术推介
艺术装置　玛蒂娜·伊斯勒
总表面积　2700平方英尺（252平方米）
照片　©玛蒂娜·伊斯勒，皮特·乌尔姆里

建筑物的布置和独特的夜间照明使其成为城郊的文化纪念碑。建筑师们相信，未来的都市区将会因这种文化地标而闻名，而不是公认的历史古迹。

建筑所用的材料——混凝土、钢和玻璃——与这个不断变化环境中的其他建筑物相融合。

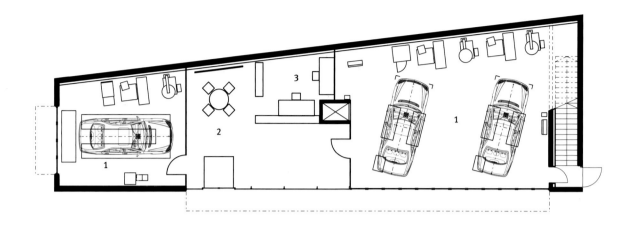

首层

1. 工作间
2. 销售室
3. 办公室
4. 储物区域

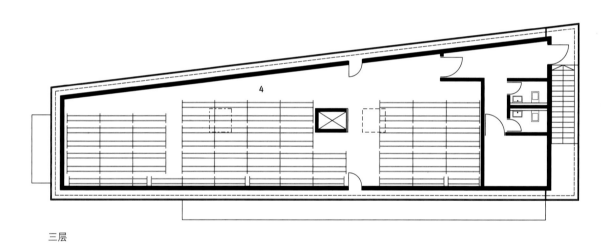

三层

横剖面图　　　　纵剖面图

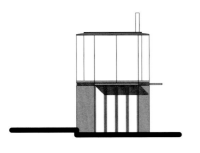

南立面图

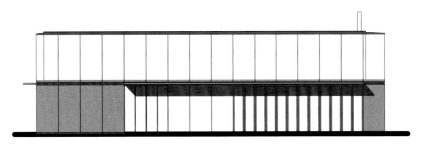

东立面图

北立面图

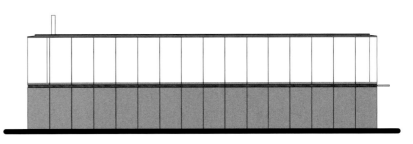

西立面图

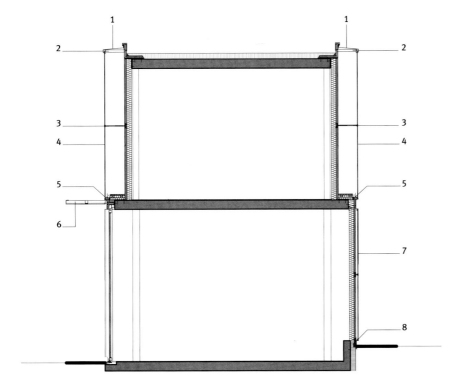

标准剖面图

1. 镀锌钢板
2. 镀锌钢管
3. 支撑玻璃的钢管
4. 1/2英寸（10 mm）安全
   玻璃，接缝密封
5. U型钢轮廓
6. 镀锌钢天棚
7. 1/2英寸（10 mm）安全
   玻璃，接缝不密封
8. 镀锌踢脚板

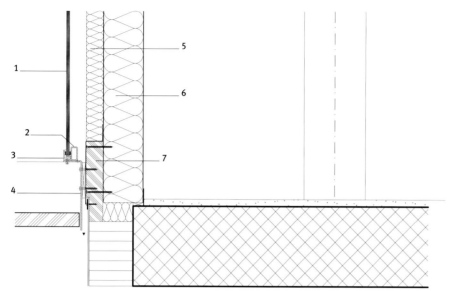

1. 玻璃接缝不密封
2. 钢管
3. 钢架
4. 1/8 英寸(4 mm)钢条
5. 2 英寸(50 mm)隔离层
6. 5 英寸(120 mm) 墙
7. 夹层木板

首层施工详图

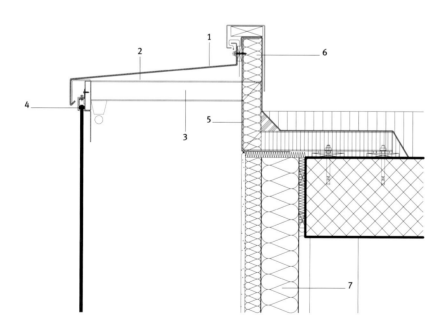

1. 钢片 / 热镀锌
2. 铝片
3. 钢管
4. 钢架
5. 钢片 / 热镀锌
6. 隔离层1/5英尺（5 mm）
7. 墙板5英尺（120 mm）

屋顶施工详图

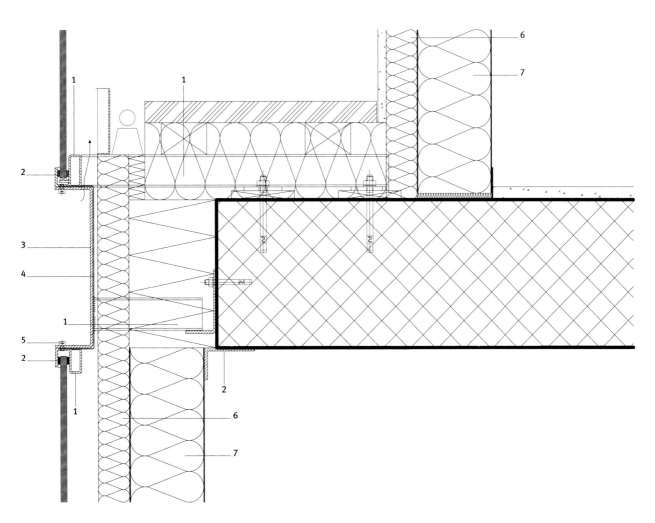

施工详图——三层

1. 钢管
2. 钢架
3. 钢管
4. 钢片 1/8英尺（4 mm）
5. 螺栓
6. 隔离层1/5英尺（5 mm）
7. 墙板5英尺（120 mm）

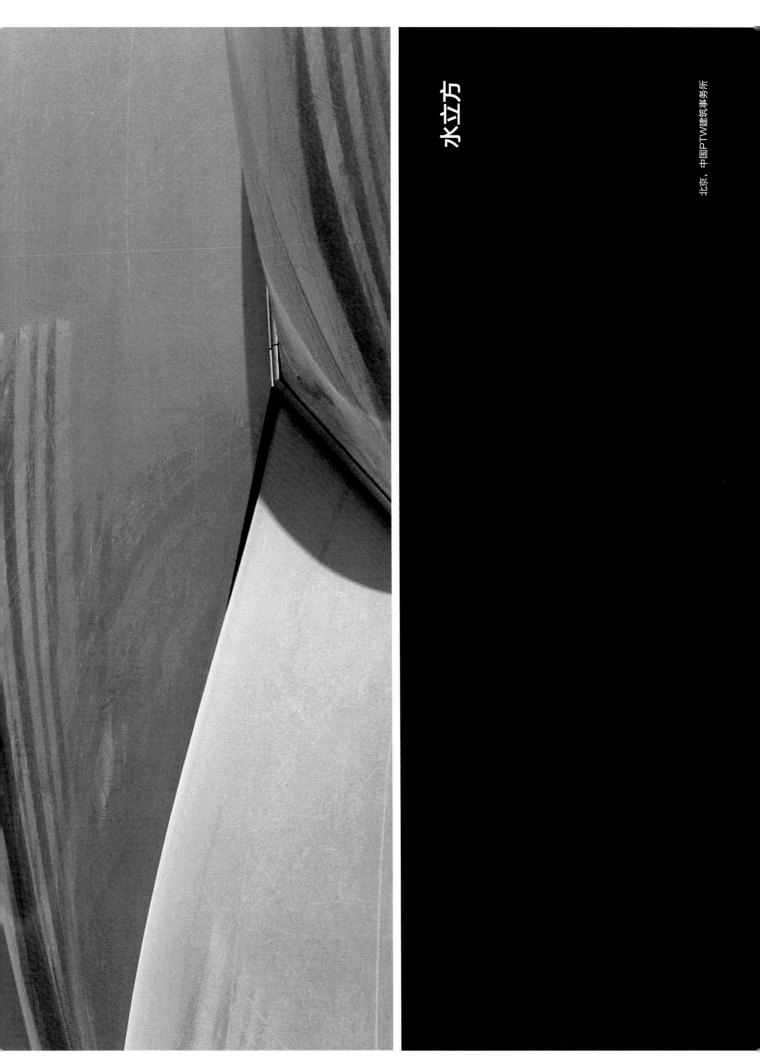

水立方

北京，中国PTW建筑事务所

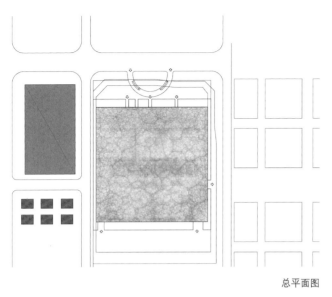

总平面图

国家游泳中心，又称为水立方，是为2008年北京奥运会所修建。建筑把水与中国传统文化中方正的典型象征形态相结合，光照的灵感来自于肥皂泡的形状，把自然有机形态调换成有形的文化形态。

该建筑位于北京北端，奥林匹克公园国家体育场对面。奥林匹克公园将作为奥运会举办前后北京的体育、文化和休闲活动枢纽。水立方为奥运会水上运动项目，以及奥运会前后各种健康休闲活动而设计。

奥雅纳和PTW事务所设计了一个由22000条流线型横梁组成的外壳，以尽量减少建筑的负荷。此外，这个外壳结构紧凑，有足够的韧性抵抗任何可能的地震。水立方的形状灵感来源于两位爱尔兰物理学教授提出的Weaire-Phelan结构图：一个复杂的三维结构，由相同的细胞通过尽可能小的接触面积连接在一起。

项目类别　**体育设施**

项目组　中国建筑工程总公司、奥雅纳工程顾问有限公司

总表面积　750000平方英尺（70000平方米）

照片　© 本·麦克米兰，布莱恩·科瑞林，约翰·保林，PTW建筑事务所

奥雅纳的工程师们研发了一个程序，可以让他们对水立方结构中22000根梁中的任意一根进行分析，以获得既可满足所有设计要求又能尽可能减少建筑整体重量的理想尺寸。在确定建造的最终版本之前，他们一共提出了5700种不同设计限制和190种不同负荷。

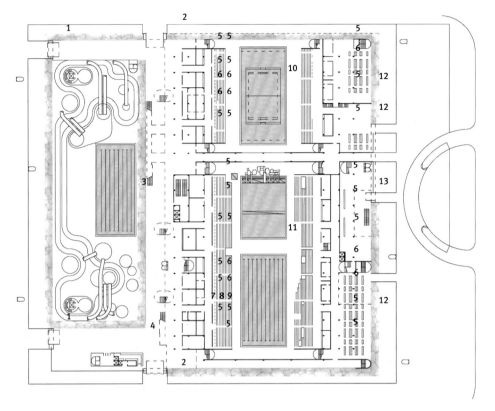

首层

1. 入口　　　　　8. 医务站
2. 出口　　　　　9. 失物招领
3. 嬉水池　　　　10. 水球
4. 柜台　　　　　11. 奥运泳池
5. 商务区域　　　12. 媒体厅
6. 公共服务　　　13. 贵宾接待处
7. 急救

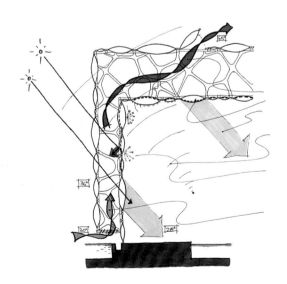

夏季图表

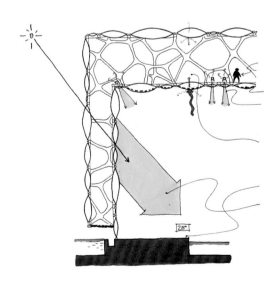

冬季图表

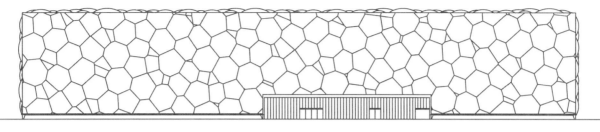

北立面图

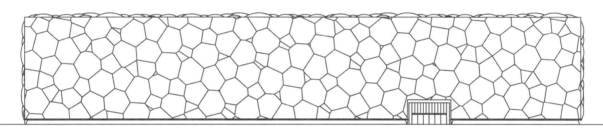

西立面图

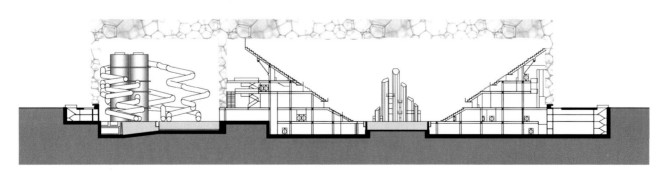

纵剖面图

　　建筑的基础设施基于将三维空间分割成相同的细胞，类似于肥皂泡的有机构成。钢骨架上覆盖着类似于水泡的ETFE（乙烯－四氟乙烯）膜具有隔离属性，使建筑内部产生温室效应。这些水泡构成建筑的皮肤，使自然光进入室内，同时调节人造光放射到室外，从而减少55%的能耗。其他节能措施也相继出台，比如保存由加热系统管道产生的热量。

　　建筑师们创建了一个系统收集屋顶、天沟和水池洗涤系统用水，使再循环达到80%，力图控制水量消耗。此外，ETFE垫子还可收集室内90%的太阳能，使室内空间和水池维持一个舒服的温度。

斑点

柏林，德国现实：联结建筑事务所

总平面图

《斑点》是2005年11月至2007年3月在位于柏林波茨坦广场10号办公大楼上的临时装置，令玻璃外立面成为媒体艺术的橱窗，点亮了城市中心。

由建筑师简和提姆·艾德勒带领的团队旨在建立使空间和图像明晰的沟通方法，通过探究建筑与图形设计、艺术和市场营销的关系实现建筑的附加价值。在《斑点》这一案例中，展示的图像必须特别创作来切合建筑师设计的展览中的视觉特点。

1800盏荧光灯组成的矩阵嵌入外立面中，一台中央计算机可单独控制每盏灯的开关，并调节其亮度，由此在建筑外立面产生光亮的移动图像。各种类型的灯被聚拢在巨大的六边形结构中，接着被一面可作为滤光镜的半透明着色膜覆盖，使外立面在白天成为建筑内部的图形延续。

在这一年多时间里，建筑外立面成为展示艺术作品的交流膜。展示出的图像在规模和视觉效果方面与周边建筑和广场本身十分契合。

项目类型　临时装置，

受邀艺术家　吉姆·坎贝尔，妮娜·费舍，马洛安·艾尔·萨尼，特里·吉利安，拉斐尔·罗萨诺-赫默尔，乔纳森·蒙克，弗里德·纳克，亨德里克·珀普，卡森·尼克莱，提姆·林格瓦特，鲁斯·施奈尔，Realities:united事务所与约翰·德克龙及其他。

总表面积　14500平方英尺（1350平方米）

照片　©本德·西普

事务所的建筑师们使用了一种著名的技术资源——荧光灯——使建筑与其周围环境相交流，为玻璃外立面创造了一个动态表情，成为一种沟通方式。这栋波茨坦广场上的大厦的皮肤完全融入建筑中，成为建筑内部和外部空间之间的媒介。

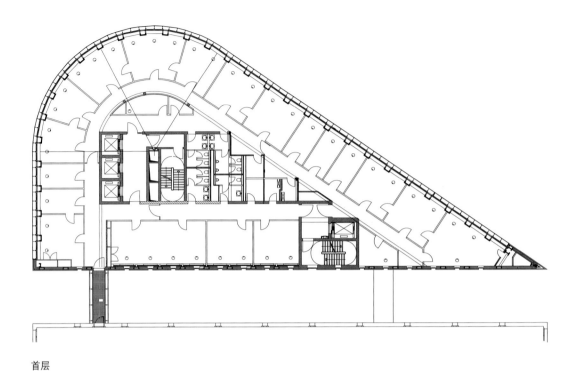

首层

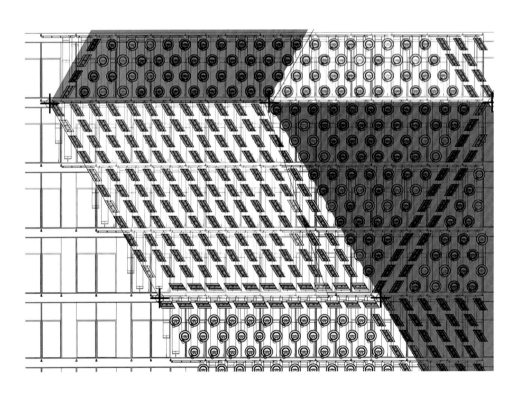

外立面详图

安装详图

1. 固定楼梯
2. 连接线
3. 照明基础
4. 锚固轮廓
5. 空气进出网格
6. 稳压器
7. 锚定照明
8. 通过内部窗口连接
9. 金属管
10. 钢弹簧

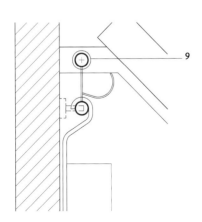

上部组件

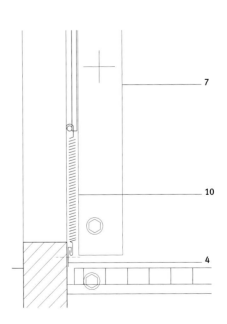

下部组件

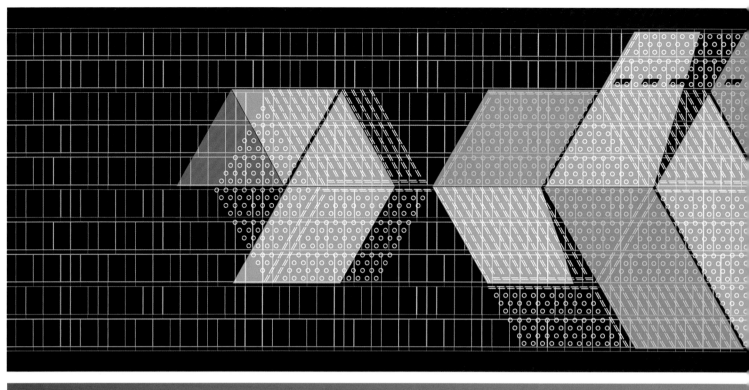

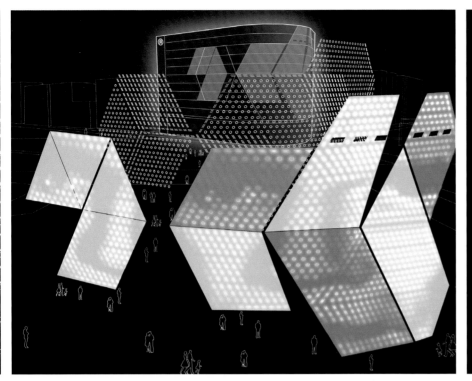

《斑点》的起点是大厦与众不同变化多样的结构，形形色色的灯具被装配到单件图形模板中，彩色膜的透明度可以适应任何显示要求，灯具按不规则形状进行设置，并被分成2个单独屏幕，最终像素设为横向30度。

库比克

巴塞罗那，西班牙摩杜比乐比特事务所

总平面图

库比克又称"方块",是一个将光线和音乐与建筑相结合的装置。它是一种临时的露天建筑,在夏天当作夜店使用。第一座"方块"开在柏林,位于施普雷河畔,在2006年的夏天开放了两个月的时间。第二年新开了两座"方块":一座位于里斯本的塔霍河畔,另一座位于巴塞罗那的论坛公园(如图)。第三座"方块"是迪赛(Diesel)服饰在2008年米兰设计周上为了做秀场而搭建在冰宫(Palazzo del Ghiaccio)里的。

创造夜店空间的墙和柱子由堆叠式的塑料罐制成的,这些塑料罐通常用于化工业。每个塑料罐都固定在金属条框架上,罐内装有标准的150瓦反射镜、彩色滤光片和数码电压调节器。灯光由电脑程序控制,与DJ播放的音乐同步,所以整个夜店的空间不断随着旋律而变幻。

巴塞罗那的"方块"配备了275个堆叠起来点亮的罐子,创造了两个不同的空间:一个是洋红色的酒吧,另一个是绿色的舞池。"方块"最终决定设置在论坛公园是为了再次向人们证明,这是一个真正的属于巴塞罗那居民的公共空间。

项目类型　临时装置
照明　Lightlife
总表面积　绿色结构1884平方英尺（175平方米）
洋红色结构700平方英尺（65平方米）
照片　©托尔斯滕·阿伦特

项目类型　临时装置
照明　Lightlife
总表面积　绿色结构1884平方英尺（175平方米）
洋红色结构700平方英尺（65平方米）

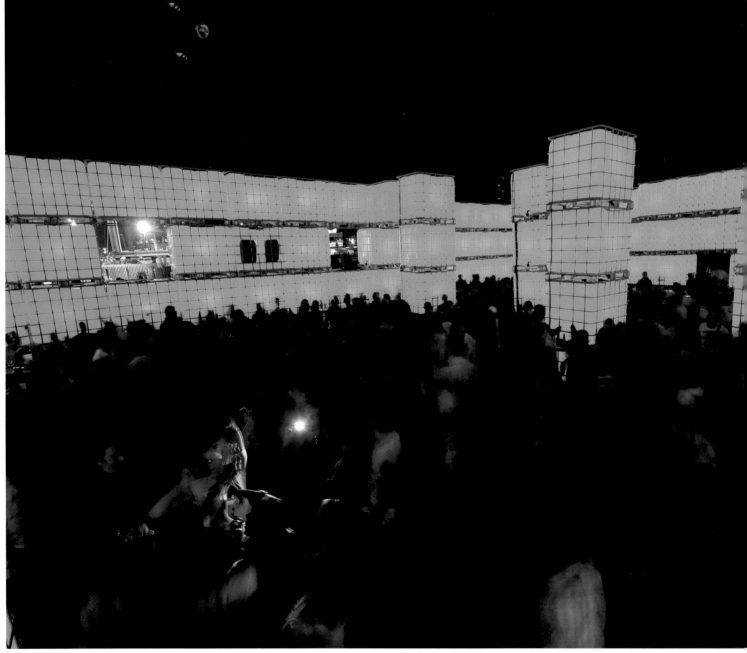

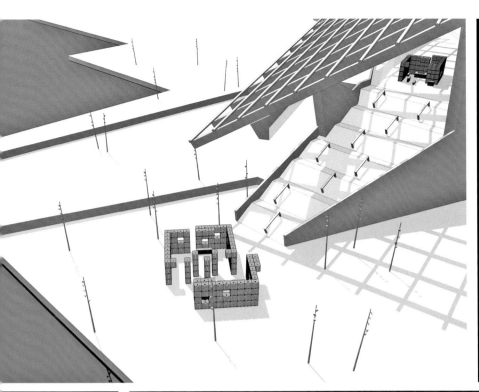

该项目采用了由标准调光器开关进行调节的低能耗灯泡。就算同时打开所有275个罐子的灯泡，最大功率也仅为40千瓦。当然，同时满功率打开所有罐子的灯光不太会发生，所以实际上整个"方块"夜店的平均能耗是低于18千瓦的。

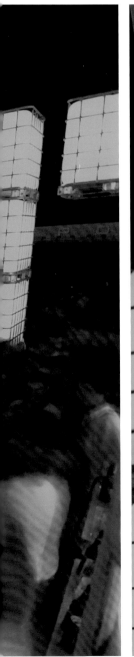

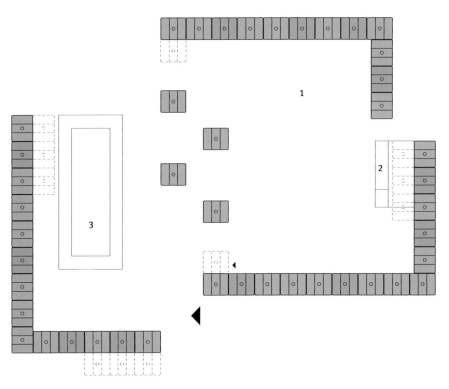

舞池平面图

1. 舞池
2. DJ台
3. 酒吧

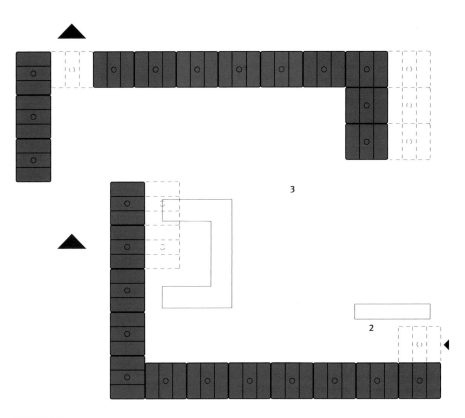

酒吧平面图

都市绿洲

各欧洲城市，切特伍兹联营事务所

　　Chetwoods事务所设计的城市雕塑能够融合于各种不同的场所。英国许多地区的广场都建起了这类雕塑：伦敦的克勒肯维尔、曼彻斯特，伯明翰的布林德利广场，甚至是伦敦的切尔西花展，还有法国戛纳。作品再现了树的形态和元素：覆盖着光电池的树枝根据用闭合和打开来回应太阳，树干是热烟囱，用于冷却整个结构的基部。氢电池给树枝的运动提供动力，风力涡轮机将都市绿洲变为一个自给自足的装置。与之类似，树枝收集雨水并储存在一个水罐中，用于整个系统的制冷和周围植物的灌溉。

　　树干的基部设有五个不同的分区，作为行人休息的场所，不仅能够过滤空气，头顶高度的隔音泡沫还能将周围噪音隔绝在外。一旦有人进入，这些空间内的彩色灯光、声音还有图像即会发生变化。

　　到了晚上，整个结构会变为一个发光的雕塑，350根光学纤维电缆放射出横向的光线，强调了空气、水和能源之间的联系。40个LED灯组成的矩阵沿着树干呈螺旋状上升，发散出光芒，与行人互动。

项目类型　临时装置
照明　Arup照明与微气候设计
总表面积　10700平方英尺（1000平方米）
照片　©大卫・丘吉尔，埃德蒙・萨姆纳，事务所

项目类型　临时装置
照明　Arup照明与微气候设计
总表面积　10700平方英尺（1000平方米）
照片　©大卫・丘吉尔，埃德蒙・萨姆纳，事务所

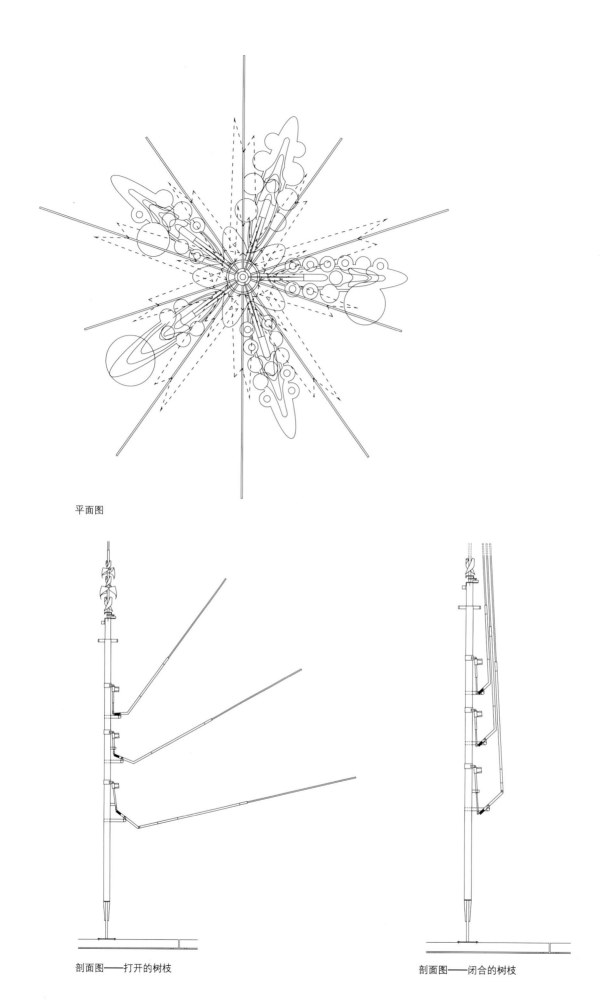

平面图

剖面图——打开的树枝

剖面图——闭合的树枝

整体透视图

大约930个低压LED灯照亮了每个独立的分区、空气涡轮机以及整个结构周围的平台。除了这些灯光外，太阳能面板、风力涡轮机、热烟囱、雨水罐以及可回收电池相结合形成了一个样板，使得建筑师能够评估并优化能耗。为了为城市居民提供一块绿洲的空间，这里迈出了专注创新的第一步。

当代艺术创新中心

科多巴，西班牙涅托·索比加诺建筑事务所·联结事务所

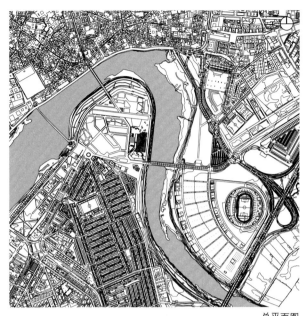

总平面图

当代艺术中心由丰桑塔·涅托和恩里克·索韦哈诺的建筑工作室设计，位于科尔多瓦的米拉弗洛雷斯公园，坐落在瓜达尔基维尔河南岸。这一文化中心目前还在建设中，其创作灵感来源于科尔多瓦这一著名西班牙城市中的西班牙穆斯林建筑，所以，简单的几何形状、内部庭院以及与周围环境的联系都是决定开发这个项目的特征。

艺术中心由单独配置的内部空间组成，这些空间可随着建筑师所谓的"自动相似的几何形状"而变化和延伸。起点是一个六边形，囊括了三个不同尺寸——646平方英尺、969平方英尺和1614平方英尺（60平方米、90平方米和150平方米）——的展厅，它们之间互相配合，可排列成一系列的独立空间，也可组合成为一个大的展厅。

该建筑作为市民和艺术家的交汇点，集研究、创作、辩论和展示成品为一体。因此，建筑外立面设计为可以将内部活动和周边环境结合在一起的元素。在这方面体现最为显著的就是东立面，它俯瞰瓜达尔基维尔河，由来自Realities:united建筑事务所的建筑师设计成一个三维屏幕，通过一排排多边形的洞反映出建筑的内部结构。这些洞都装有各种不同尺寸和密度的灯泡，通过电脑程序控制，产生图像、文字和色彩。这个大屏幕的分辨率和人眼的视网膜类似，能够以每秒20帧的速率展示移动的图像。在白天，自然光线能够通过这些孔穿透进入室内。

项目类型　**文化设施**
交流性外立面照明　**Realities:united建筑事务所**
总表面积　108000平方英尺（10000平方米）
图纸　涅托−索韦哈诺事务所、Realities:united建筑事务所

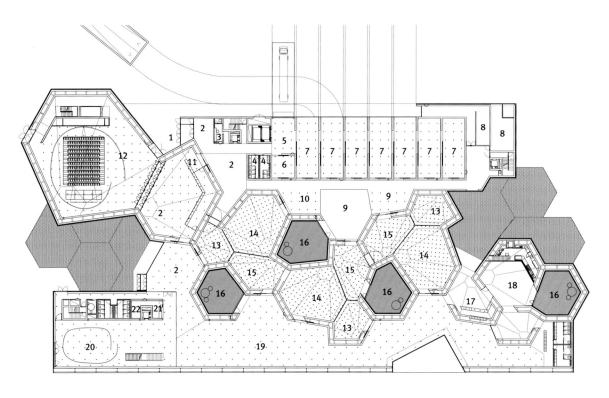

首层
1. 入口
2. 门厅
3. 门卫处
4. 洗手间
5. 装卸区
6. 转运存储区
7. 工作室
8. 设备间
9. 工作室延伸区
10. 公用空间
11. 书店和商店
12. 会议室
13. 小型画廊
14. 大型画廊
15. 中型画廊
16. 露台
17. 售票处
18. 咖啡厅
19. 展览街
20. 多媒体播放区
21. 信息咨询处
22. 办公室

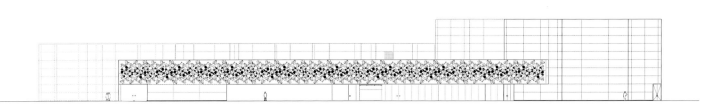

西立面图

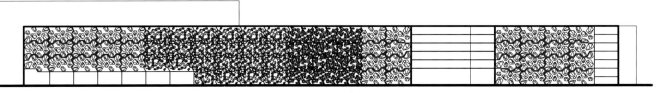

东立面图

c类		b类	a类	c类	d类		c类	

板材布置图

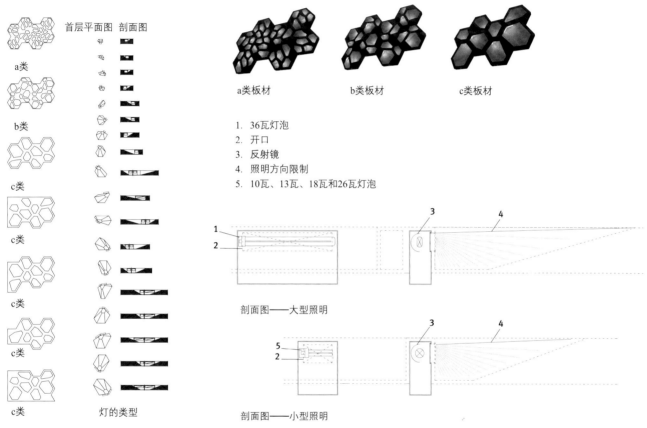

首层平面图　剖面图

a类

b类

c类

c类

c类

c类

c类

c类

灯的类型

a类板材　　　b类板材　　　c类板材

1. 36瓦灯泡
2. 开口
3. 反射镜
4. 照明方向限制
5. 10瓦、13瓦、18瓦和26瓦灯泡

剖面图——大型照明

剖面图——小型照明

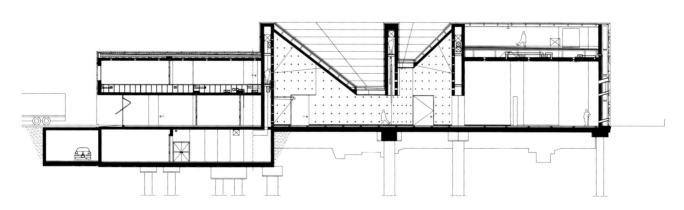

横剖面图

建筑师旨在打造能够激发出"艺术工厂"这一概念的空间，因此材料的选用正好符合工业系统的概念。室内的砖和墙将用混凝土制成，所以容易建造、维护和更改。室外（外立面和屋顶）将覆盖预制GRC板，而电子、数码、音频和照明设备的布置能够有助于整个建筑的连接。

CARTER
HOTEL

42
DUK

AmericanAirlinesTheatre

For Leasing Information Contact
Frank Gallo 212-399-3632

新 42 大街工作室

纽约, 普拉特 · 拜厄德 · 多维尔 · 怀特建筑事务所和科特斯博照明

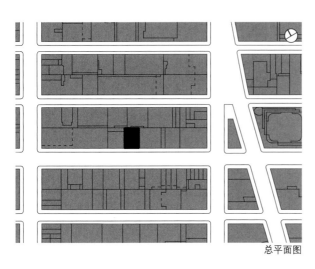
总平面图

戏剧制作公司新42街公司（New 42nd Street Inc.）的工作室大楼位于第42大街，在时代广场和第八大道之间。PBDW建筑事务所的建筑师们打破附近建筑的传统商业外观的藩篱，跟随建筑内部排演的艺术家们的开创性工作，创造出了这样一个作品。同样地，大楼的设计寻求了一种不同的方式来展示时代广场标志性的霓虹灯，却仍然与整个地区的特征相符。

与使用传统标志不同，工作室的外立面采用金属和玻璃拼贴而成，其构思是一个大的"光结构"。大楼的基础结构将装有玻璃的二向色窗格安装在一排金属条上，而西侧的特点则是一条174英尺（53米）高的垂直灯管。到了晚上，随着表演者的动作和外立面五颜六色的光点通过金属条和透明玻璃板显现出来，整个大楼就变成了光影流动的浪潮。

大楼内部12间排演厅占据了5层，排列厅有高高的天花板、一流的音响效果，并且完全不使用立柱。另有三层是各个戏剧公司的办公室。还设有一个黑匣剧场——一个可容纳199名观众的实验性礼堂，而一层则接待各种商业公司，并且作为通往美国航空剧院，迂回戏剧公司便设在里面。

项目类型　**教育设施**
照明　安妮·米利泰洛
总表面积　8400平方英尺（7804平方米）
照片　©埃利奥特·考夫曼，查尔斯·A·普拉特

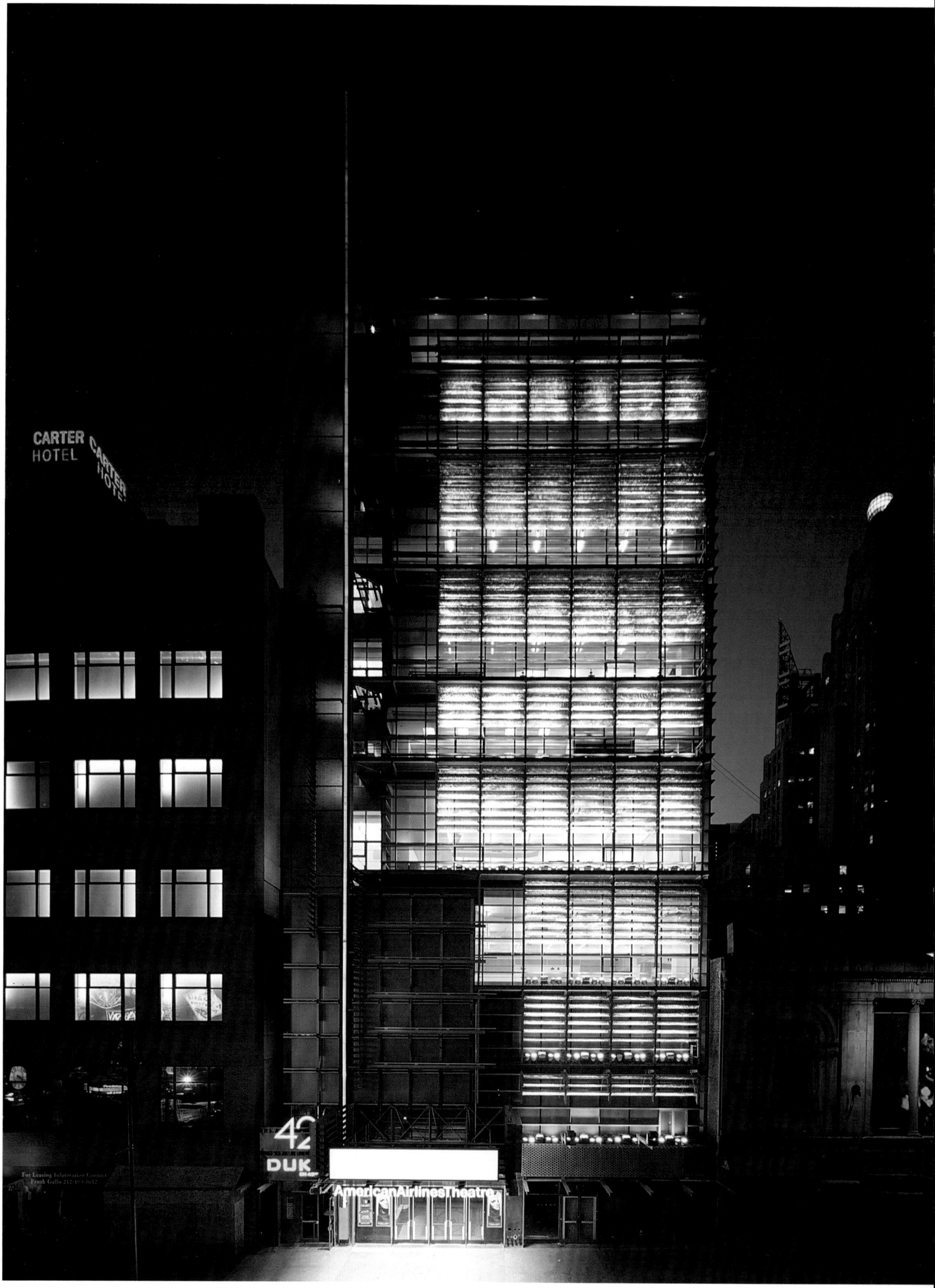
CARTER
HOTEL
42
DUK
AmericanAirlinesTheatre

舞蹈工作室的外立面设计为大片的灯光。白天，建筑与周边环境相融，但到了晚上却因其简朴的照明而格外引人注目，与时代广场的绚丽灯光形成鲜明对比。

灯光秀从傍晚开始，凌晨两点结束。由电脑控制着每天通过像素映射技术进行展示的图像。

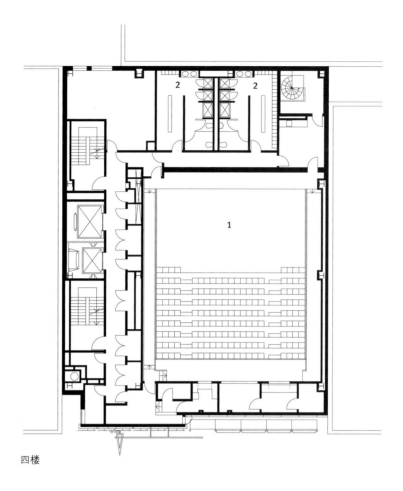

四楼

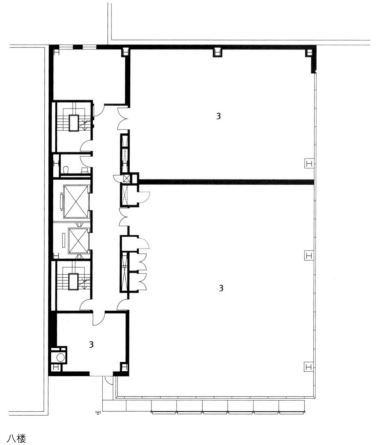

八楼

1. 黑匣剧场
2. 洗手间
3. 排练工作室

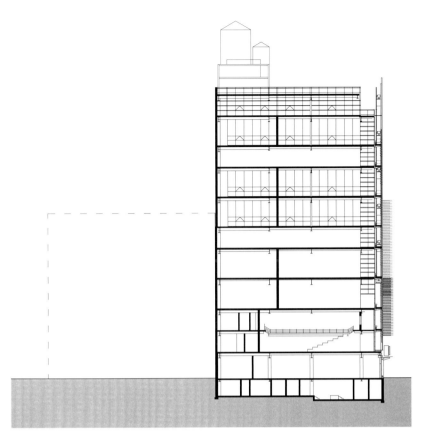

纵剖面图

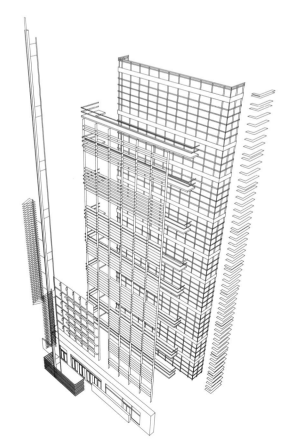

外立面分解图

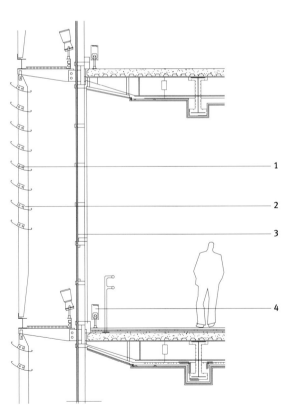

施工详图

1. 垂直钢支架
2. 穿孔不锈钢侧翼
3. 光屏漫射
4. 管式散热器和侧翼

室内采用的布局、材料和色彩延续了主外立面中拼贴的概念。设计同样专注于解决舞蹈工作室常有的问题，其中最主要的就是隔音，从而使每个房间完全独立。

格林皮克斯

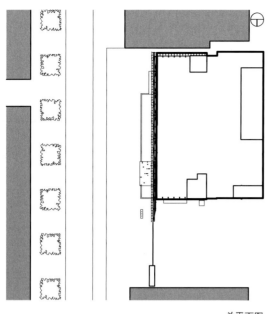

总平面图

　　西蒙·季奥斯尔塔建筑事务所和奥雅纳工程顾问为位于中国北京2008年奥运会篮球和棒球场馆附近的西翠路上一栋建筑设计了一个新的外立面。该建筑形似一个不透明的盒子，内设一个电影院和一家高档餐厅。外立面通过最先进的数字技术与周围环境互动，被称为GreenPix幕墙。它是一面巨大的幕墙，由2292个彩色LED灯组成了一个低分辨率的屏幕，在白天吸收太阳能，储存在电池中，到了晚上利用这些能量来产生光亮，成为建筑自给自足的智能皮肤。

　　该建筑面对着北京的主要街道之一，通过GreenPix幕墙呈现的巨大海报效果从很远的距离也能够看到。GreenPix幕墙呈现的是抽象的不停变换的投影：数码艺术品、视频、动画、彩色游戏，甚至还有大厦用户创造的内容。这一设施吸引了建筑师、工程师、计算机程序员和艺术家的注意力，自2008年亮相以来，一直致力于推介北京和其他地区的新兴艺术家。设施的规划有独立策展人、艺术机构、传媒学院、画廊和企业、收藏家和艺术赞助人的参与。

项目类型：数字壁画
照明：奥雅纳照明
外立面表面积：20000平方英尺（1858平方米）
照片 ©西蒙·季奥斯尔塔

GreenPix幕墙呈现了科技和建筑的一体化。这个大屏幕成了在作为城市实验枢纽的城市中交流新的艺术概念的方法。

白天，光伏电池储蓄室内活动后剩余的太阳能，这些面板也可用于帮助内部遮蔽阳光。

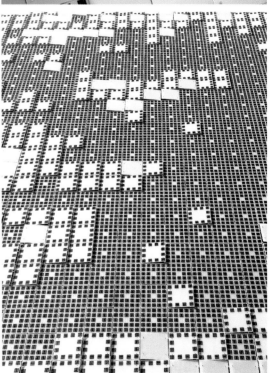

东立面图

  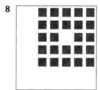 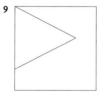

面板特征

1. 低透明度
   24个光伏电池
   1027块面板，无坡度
2. 低透明度
   24个光伏电池
   45块面板，无坡度
3. 中等透明度
   12个光伏电池
   660块面板
   坡度为5°
4. 中等透明度
   12个光伏电池
   46块面板
   坡度为5°
5. 高透明度
   0个光伏电池
   414块面板
   坡度为5°

6. 高透明度
   0个光伏电池
   86块面板
   坡度为5°
7. 标志
   0个光伏电池
   20块面板，无坡度
8. 高透明度
   24个光伏电池
   1块面板，无坡度
   坡度为5°
9. 高透明度
   0个光伏电池
   3块面板
   坡度为5°

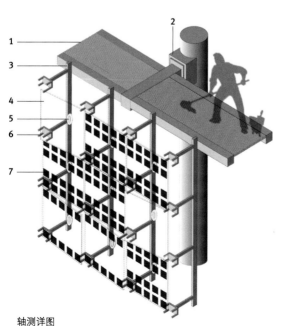

轴测详图

1. 检修走道
2. 固定至先存柱子上的结构
3. 竖向支撑
4. 3×35英寸（89×890毫米）玻璃板
5. LED灯
6. 蜘蛛撑
7. 光伏电池

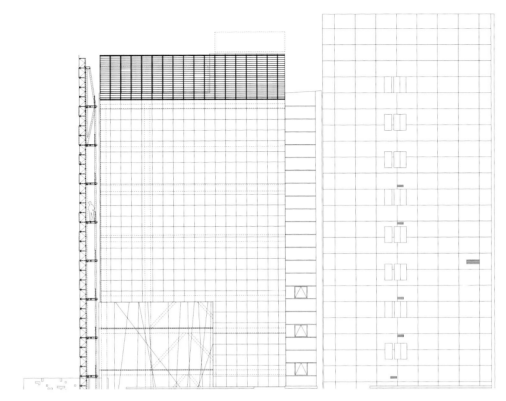

北立面图

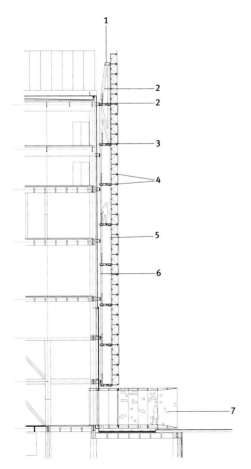

外立面剖面图

1. 中空入口16×8英寸（400×200毫米）
2. 空心钢架6×6英寸（150×150毫米）
3. 检修走道
4. 各种长度的玻璃窗格支撑
5. 竖向支撑
6. 竖向钢筋10×6英寸（250×150毫米）
7. 大楼入口

一家中国公司，在两家富有经验的德国制造商的协助下，开发出了由太阳能光伏板制成外立面的新技术。该技术涉及在墙上的玻璃窗格之间放置层状多晶电池。表面密度通过组合三种具有不同粗糙程度的质地而不等，形成低、中或高透明度的玻璃。这种密度的变化使得自然光线能够根据照明的需要渗入，从而降低热量的积蓄，并将多余的日光照射转化为屏幕所需的能源。光伏板背后装有半透明的扩散器，使得光源变得模糊，并且增加所有光伏板被照射的面积。

简单地说，该设施创造了一个复杂的系统来让外立面像一个有机的生态系统一样运作，再现日夜运行的气候循环。西蒙·季奥斯尔塔利用沿海景观的特点设计了与之相似的大屏幕，将某些外立面的面板倾斜5°的角度，从而复制海浪反光的效果，让建筑的灯光在外立面上不停闪烁。他还增加了一个维修区域，与大屏幕的幕墙组合在一起，使整个项目达到超过6.6英尺（2米）的深度。

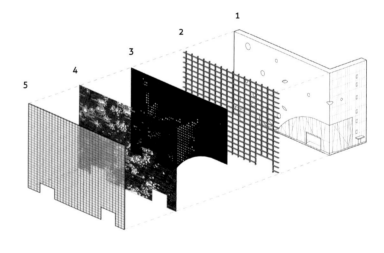

外立面层示意图

1. 外立面上的图片
2. 钢筋和夹钳
3. LED灯
4. 光伏电池
5. 玻璃

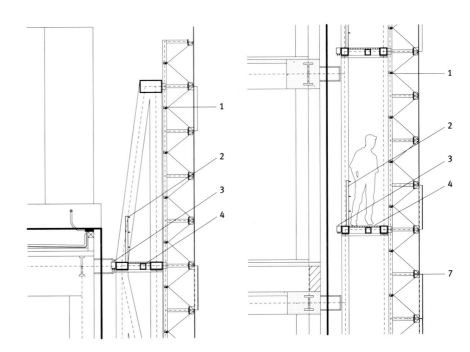

1. LED灯
2. 不锈钢保险索
3. LED控制箱
4. 铝制格栅
5. LED灯横向支撑
6. (80×40 mm) 竖向钢支撑3×2英寸
   （80×40毫米）
7. 蜘蛛撑

施工详图

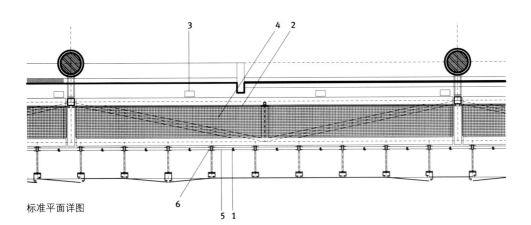

标准平面详图

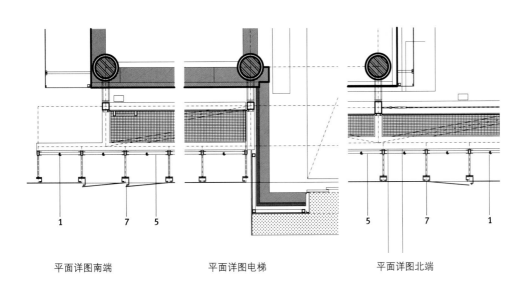

平面详图南端　　　　　平面详图电梯　　　　　平面详图北端

白天，外立面产生能量，用于晚上使用。夜晚的屏幕变成一个巨大大的灯塔，令建筑演变成为北京夜景的一个全新体验。

通过这个项目，季奥斯尔塔想强调数码技术与环境反应的融合是创造建筑的一个新方式。

诺克斯俱乐部

巴西累西腓，都市建筑事务所和茱莉亚诺·杜比斯

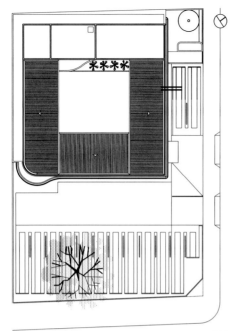

总平面图

　　Nox俱乐部成了累西腓的一个标志点，不仅因为它位于城市的一条主要大道的一角，而且因为它采用了迪斯科舞厅的原始设计方法。建筑构想了两个互补但却形成对比的部分：一层由耐候钢制成的好像一个巨大盒子的舞池；还有楼上的酒吧，具有宽阔的全景平台。钢盒子环绕着凸起的玻璃体，内设酒吧。这个玻璃体中的灯光不停地变换着色彩，从而在室内创造出一系列不同的布置。

　　舞池高高的天花板和内墙上覆盖着半透明的表皮，看起来好像要脱落，随着音乐的旋律而去。这层表皮是用玻璃纤维带编织成网状，这张网可以让光穿透进来，同时还能够反射出声音的振动。这张网采用一个包括256组LED二极管灯泡的复杂系统来照明，通过数字多路系统（DMX）来控制开关，组合出超过1600万种色彩，创造各种不同的配色方案和色彩运动。

项目类型　迪斯科舞厅
照明　Metro Arquitetura，洛纳迪·多纳和艾迪特·阿劳若
总表面积　12000平方英尺（1100平方米）
照片　©莱昂纳多·菲诺蒂

从大的钢制盒子中凸出的玻璃体反映了潜在于这个项目中的不断转换的概念。从这个棱柱中反射出的柔和的、变幻的光线将建筑变成了一个巨大的灯，成了一个城市地标。

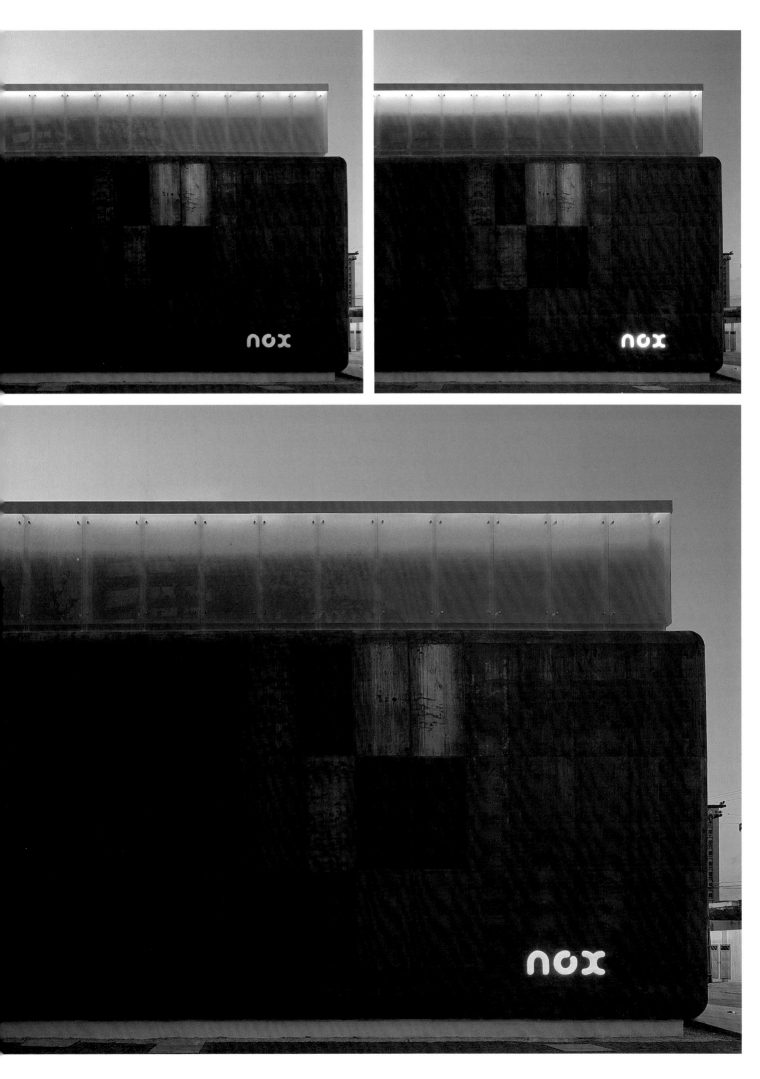

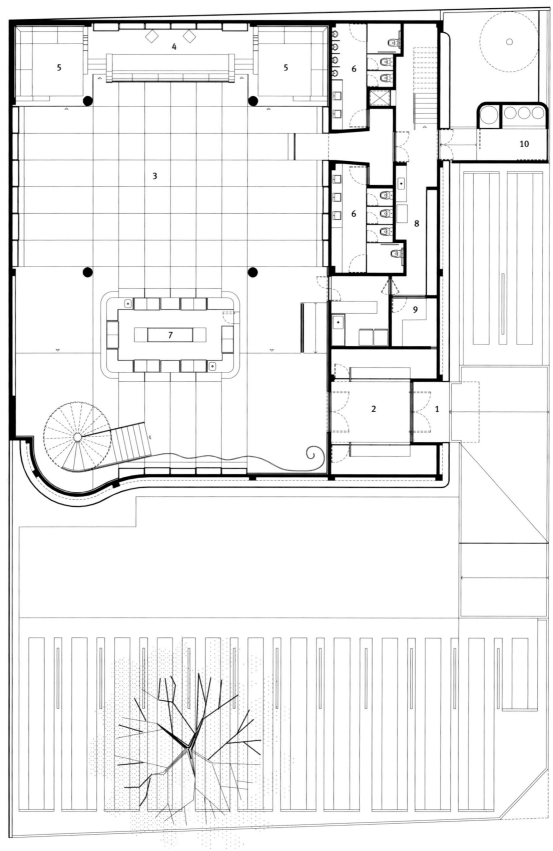

首层

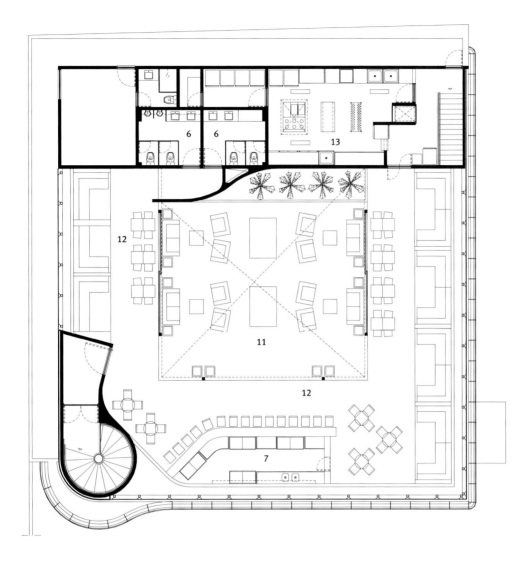

三层

1. 入口
2. 接待处
3. 舞池
4. DJ台
5. VIP区
6. 洗手间
7. 酒吧
8. 商店
9. 办公室
10. 服务通道
11. 露天休息室
12. 室内休息室
13. 厨房

　　该项目的委托人是三个年轻商人，其中两人是专业DJ。DJ台设置在舞池的一侧，并且需要足够大空间容纳乐队和他们的设备（有必要的话）。对空间和音响系统的安排在设计Nox俱乐部中是最重要的。音响采用了线阵列配置，这就意味着喇叭是垂直堆放的，从而更有效地控制声音的方向，达到整体覆盖的效果。并且，当光线变化（是音乐变化的结果）时，舞池就随之改变。透过玻璃体的顶层，这种不停的转变在外部看也很明显。

　　上部的酒吧区完全是白色的，配有沙发、榻榻米以及一排植物。这是一个吃饭和谈心的安静空间——与舞池的高能量形成对比——并且这里的视野让城市变成了整个设计中不可或缺的一部分。

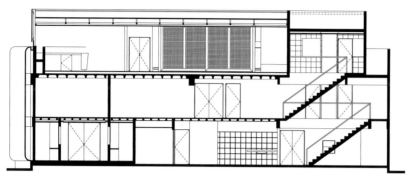

横剖面图——入口

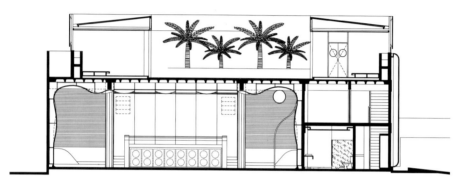

纵剖面图——朝向DJ台

166

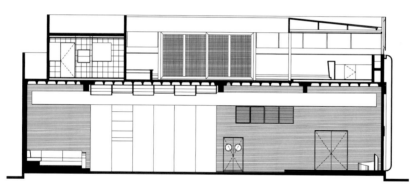

横剖图——舞池

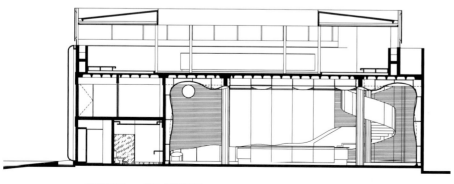

纵剖面图——朝向首层酒吧

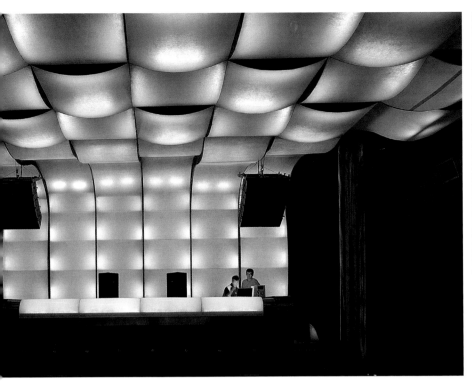

运动和色彩是赋予建筑整体以及各个楼层不同个性的元素。材料和色彩的选用是由每个特定空间中正在进行的活动所决定的。

顶层播放的舒缓音乐配以光线，循环在整个环境中，然后再通过玻璃棱柱反射出去。

卢森堡音乐厅

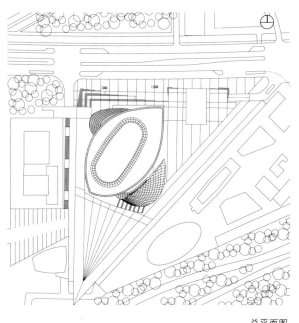

总平面图

克里斯蒂安·德·包赞巴克为卢森堡爱乐乐团设计的建筑来自于1997年组织的一场国际竞赛。该建筑坐落于基希贝格，位于卢森堡市中心东北部的一个社区，是办公楼和众多欧盟机构的所在地。爱乐乐团位于三角形的欧洲广场（Place de l'Europe）的中央，广场一侧俯瞰旧城，一侧面对该区域的主干道，还有一侧面临一条施工中的道路。椭圆形和包含827根钢柱的列柱廊通往大厅，与广场的形状和周围建筑形成对比。项目分为三个空间：一个容纳1500人的音乐厅，一个容纳300人的室内音乐厅，还有一个现代音乐的开放空间，可容纳120人。

列柱廊带有56英尺（17米）高的细钢柱，形成了通往大楼的入口。这种设计能把建筑内部的光过滤到外部，将大楼转变为一个巨大的灯笼。在室内，主礼堂周围的墙折叠形成壁龛，随着夜色渐深不断变化色彩。

室内的一座大桥将三个大厅和行政办公室连接起来。音乐厅环绕着乐池有八层楼座。容纳300人的室内音乐厅是一个看上去好像是从大音乐厅生长出来的外部体积，而露天音乐厅面积超过2300平方英尺（211平方米），位于首层和地下室之间。

巨大的钢盒子外的玻璃体环绕着这个建筑，强调了建筑师不断变化的理念。柔和的灯光变化从这个棱柱中反射出去，将大楼变为一个巨大的城市路灯，因此也成为这座城市的参考点。

项目类型　**文化设施**
照明　**克里斯蒂安·德·包赞巴克**
总服务面积　**215000平方英尺（20000平方米）**
照片　**克里斯汀·理查斯**

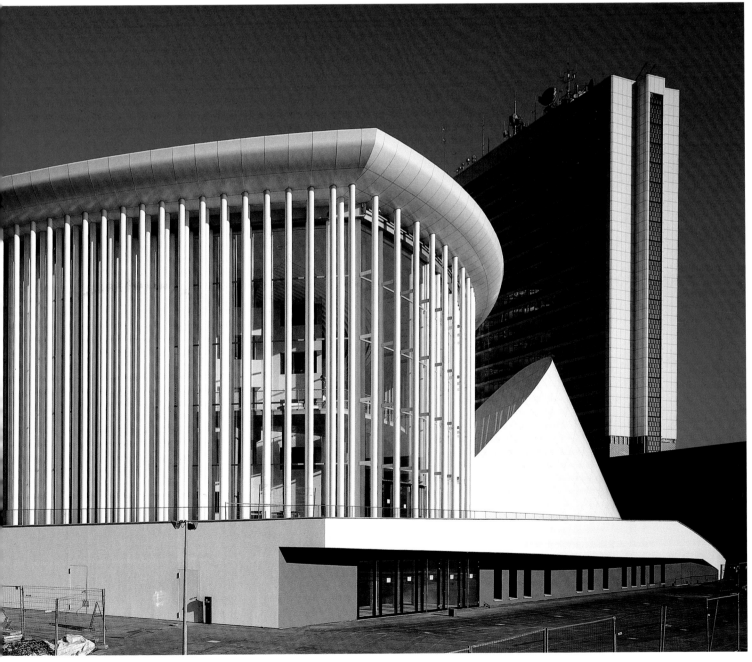

前庭画廊墙壁上变幻的彩色灯光是大楼的一个特色，源于20年前开始的一项调查的结果。克里斯蒂安·德·包赞巴克从1986年设计巴黎拉维莱特的礼堂时就开始考虑这个构思；彩色的光线根据形成壁龛的平面倾斜的角度而产生不同的反射。

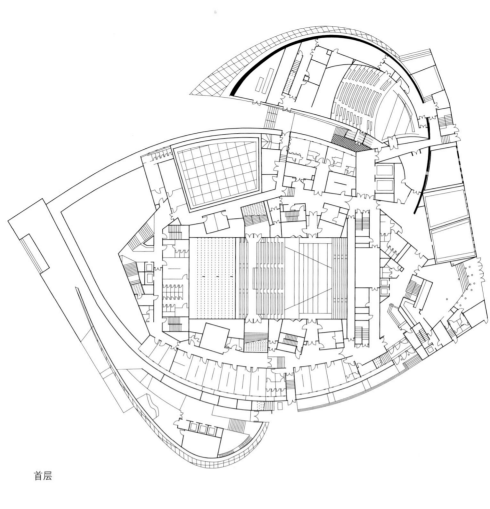

首层

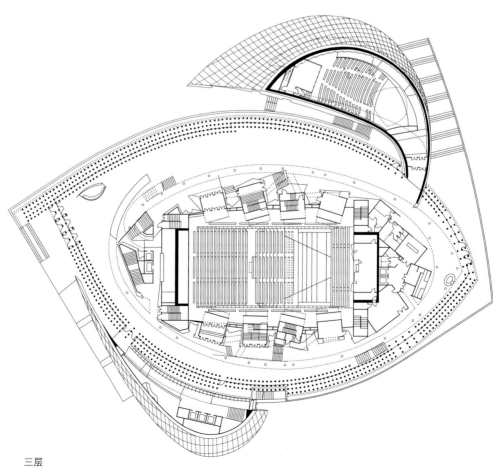

三层

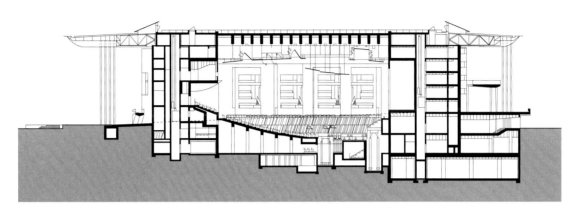

纵剖面图

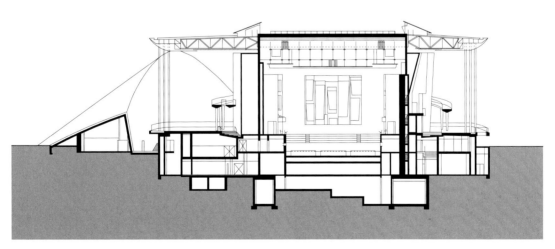

横剖面图

迪登村

荷兰鹿特丹，MVRDV工作室

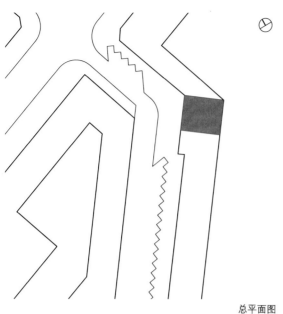

总平面图

迪登家族希望MVRDV工作室扩建他们位于鹿特丹一个老居民区的三层楼顶层的住宅。建筑师们将每间卧室打造成单独的家，从而为每位家庭成员提供最好的隐秘性。这些"住宅"组成了一个小镇，加上广场和街道愈显完整，像一块大纪念碑的顶部一样矗立在城市中。

根据建筑师的想法，迪登村的概念可以成为在老城区应对密度的一个典范。在这方面，这个项目有助于为屋顶平台注入新生命，将它们变成社区中的一大特色。另外，这种方式能够确定在现有结构顶部搭建一个新结构所需的成本，并且使扩建部分能够提供所需的服务。事实上，经证明扩建的成本与在平地上搭建相比是相当低的。

迪登村高墙环绕，墙上长长的窗户在屋顶露台上将整个项目围住。分布在建筑周围的桌子、露天淋浴、长椅和树木为这个小"村"中的生活增添了光彩。一层蓝色的聚氨酯涂层好像增加了一小片蓝天，改变了鹿特丹的全景。

项目类型　住房
色彩　荷兰Kunststof涂料公司，荷兰泽芬赫伊曾
总表面积　扩建面积484平方英尺（45平方米）
屋顶露台1300平方英尺（120平方米）
photos. Rob't Hart
照片　罗伯特·哈特

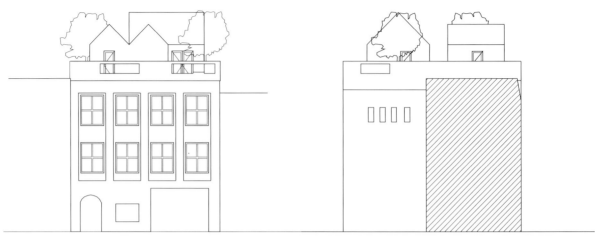

立面图

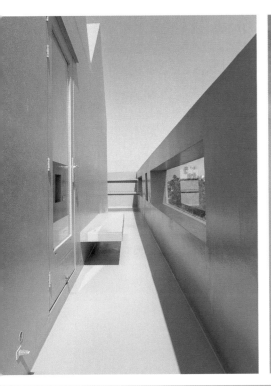

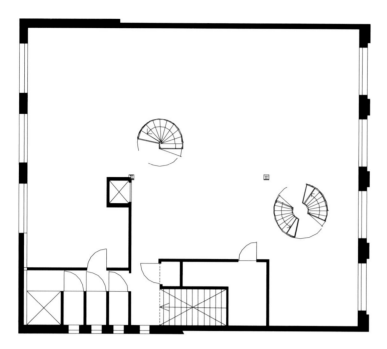

现有楼层平面图

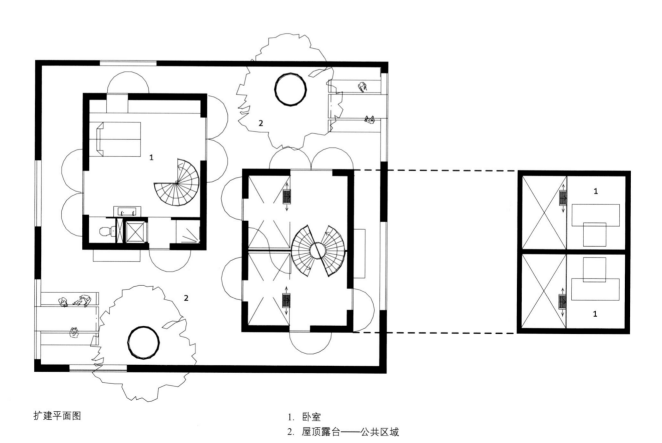

扩建平面图

1. 卧室
2. 屋顶露台——公共区域

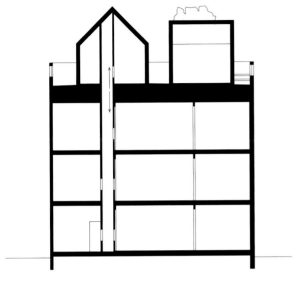

剖面图

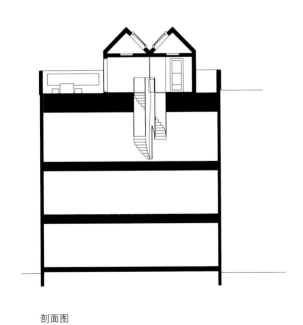

剖面图

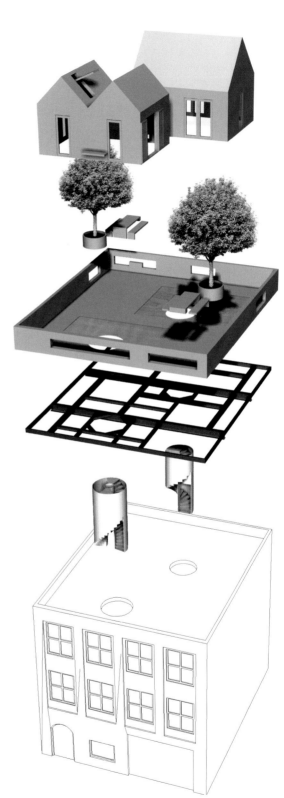

施工图

外部的蓝色与内部的红漆、白木形成对比。父母的卧室是一个独立的"家"，孩子的房间设置成半独立式的。每个空间都可以通过一座螺旋状的木制楼梯到达，成为每个房间的输送轴。

加希耶大学——中庭

法国巴黎，Périphériques建筑事务所

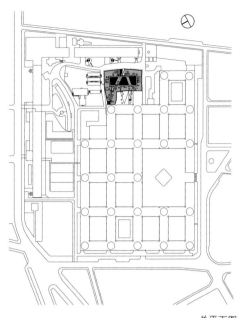

总平面图

加希耶大学校区，靠近巴黎中心，是由爱德华·艾伯特在20世纪60年代设计的一批六层大楼组成的规则网络。艾伯特的规划以皇冠的形式将这些大楼组合在一起，这种方式因其分散性和加剧了大楼之间吹过的风而一直受到批评。Périphériques建筑事务所设计的项目——校园内的16M大楼，一方面力图成为原布局中的一部分，另一方面通过加入两个露台来巧妙处理，而艾伯特当年只加入了一个。

其中一个露台上覆盖着用桩支撑的走道，建筑师在其中将整个建筑体的交通聚合在一起。这产生了决定了中庭内的路线的一个垂直面积。首层像一件折纸手工品一样折叠起来，形成一个橙色的坡道，与内部露台加固的外部水平相配——实现一种外部和内部之间建立流畅循环的策略。

项目类型　**教室和实验室**

总表面积　182000平方英尺（16895平方米）

照片　Luc Boegly

中庭不仅与周边环境形成对比，还借用了周围环境中的元素。明亮的色彩使得各个楼层的不同功用易于识别，同时也增进了楼层间的垂直立体感。内部立面的双层饰面与外部不同，强调了大楼的水平性。

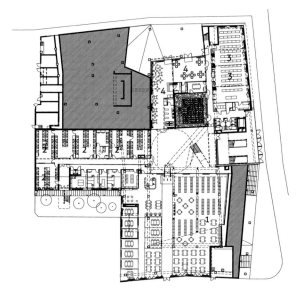

地下室

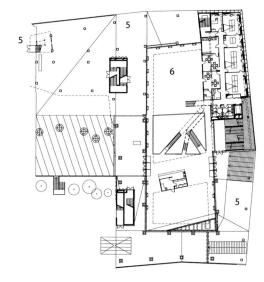

首层

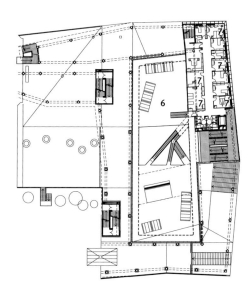

三层

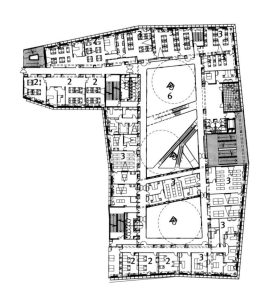

四层

1. 阅览室		5. 入口	
2. 工作室		6. 中庭	
3. 教室		7. 办公室	
4. 休息区			

五层

六层

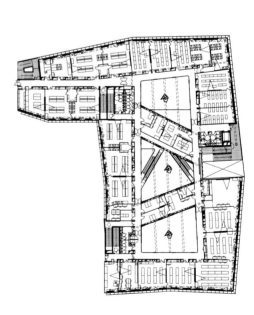

七层

八层

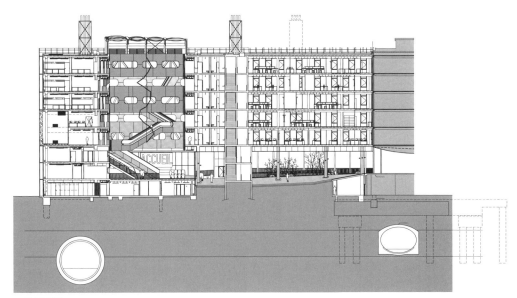

横剖面图

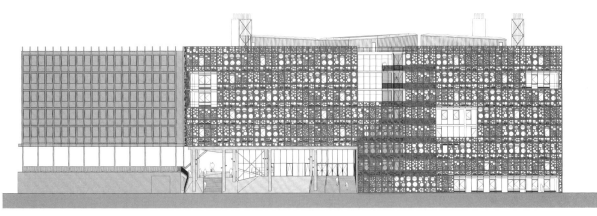

东立面图

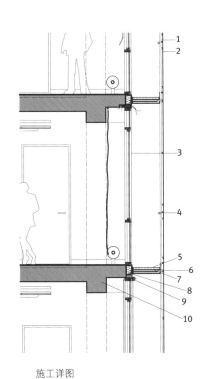

1. U型钢轮廓
2. 穿孔铝板
3. 消防检修门
4. 镀锌钢栏杆
5. 镀锌钢筋网格
6. 连接钢板轮廓和
   支架
7. 钢支架
8. 钢丝棉保温
9. 防晒百叶
10. 混凝土砖

施工详图

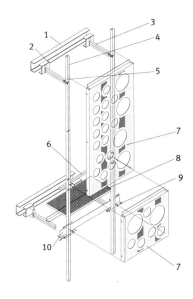

1. u-upa轮廓
2. 金属轴子
3. 钢支架
4. U型钢梁
5. 组合板
6. 镀锌钢栏杆
7. 穿孔铝板
8. 镀锌钢网格
9. 杆支撑板
10. 防护脚踢板

外立面详图

交通区域的严格与外立面的精致形成了对比。外立面有两层，一层是玻璃，延续了周围建筑的设计，另一层是十种金属板，上有不同尺寸的穿孔——双层外壳给外立面纵深提供了复杂性和变化。各个教学区内部的颜色日夜（尤其是夜晚）均不同，从室外即可分辨出来。照明效过通过外立面玻璃还有金属板穿洞上映照的光来达到。这些色彩与光线的影响提醒着人们最初的设计已经被改变。

教室是灵活的空间，最初是打算给从因出现石棉而需要翻新的教学楼中转移出来的学生使用的。之后，教学楼将会供研究生使用。来自Périphériques的建筑师决定沿着交通的核心——主中庭四周开发这个项目，而图书馆、讲堂、教室、多媒体和电脑设施、实验室、行政办公室和服务部门形成了中庭式建筑的功能区。

消防站

荷兰豪滕，菲利普·萨米恩及其合伙人建筑工程事务所

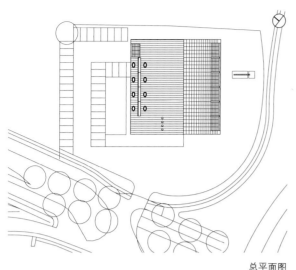

总平面图

　　这个叫作豪滕的荷兰小镇上的消防站包括四名专业的消防员和大约60名志愿者。在此基础上，菲利普·萨米恩及其合伙人建筑工程事务所拟议了一个可以配备六辆消防车的现代建筑结构。同时，建筑师们将屋顶结构和内部空间组织的完全分离作为设计的基础。通过这种方式，他们力求传达一个独立于建筑本身的遮蔽物的概念。

　　屋顶从一开始就选择了抛物线形状，因为这个结构能够迅速地建造，并且它的元素能够很容易地充分应用。建筑有两个长长的立面分别面向南北；为了利用这种布局的优势，在建筑的南侧装了两块太阳能面板。

　　地块周围是空置的绿地，该地区有着不稳定并且强烈的社会冲突。为了缓解这些压力，设计者找来了当地22所学校中2200名5—7岁的学生来画出消防员的冒险和胜利，这些画拼贴在室内的一面墙上，从而在居民和建筑之间建立了一种情感上的联系。

項目类型　**服务设施**
总表面积　**12000平方英尺（1100平方米）**
照片　©Stijn Brakkee, Daria Scagliol

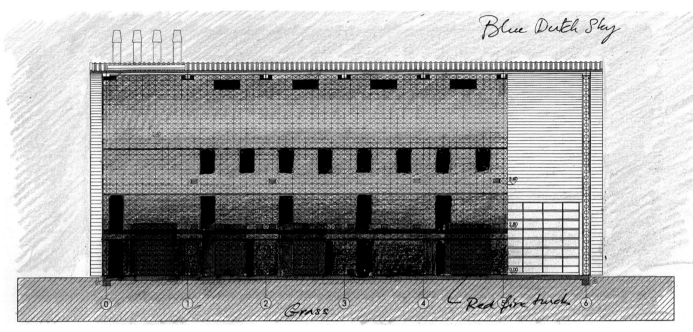

Blue Dutch Sky

3.60

2.80

0.00

⓪ ① ② *Grass* ③ ④ └ *Red fire truck* ⑥

草图

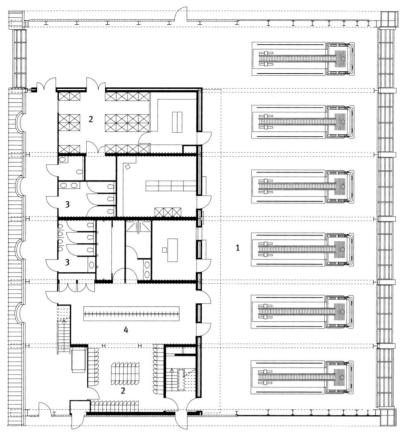

首层

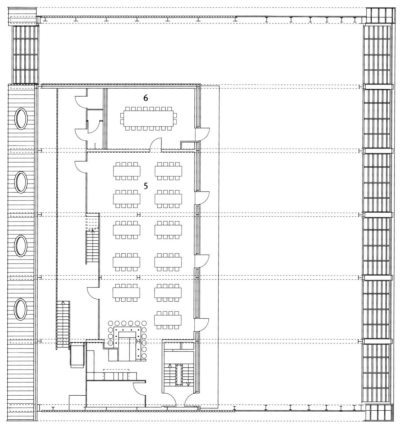

三层

1. 消防车停车场
2. 储存区
3. 洗手间
4. 更衣室
5. 咖啡厅
6. 会议室

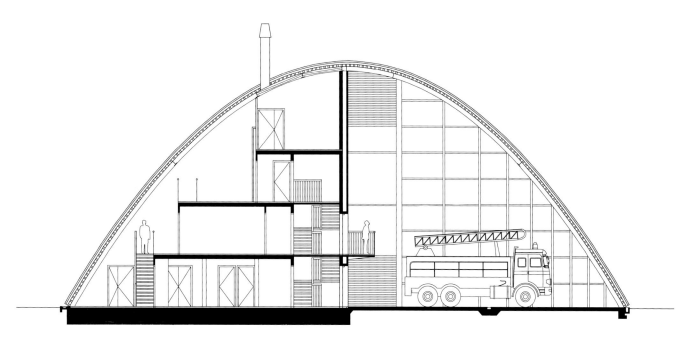

横剖面图

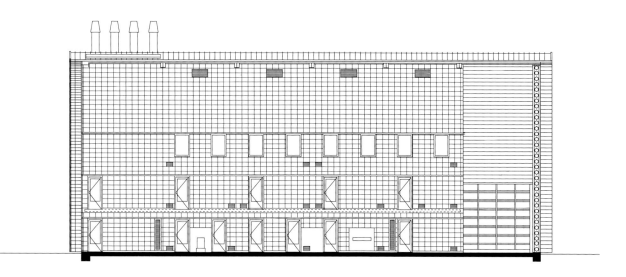

纵剖面图

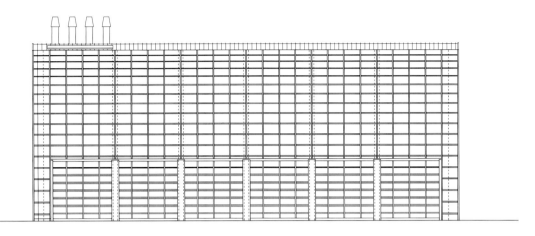

东南立面图

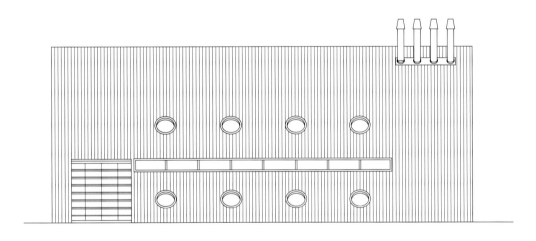

西北立面图

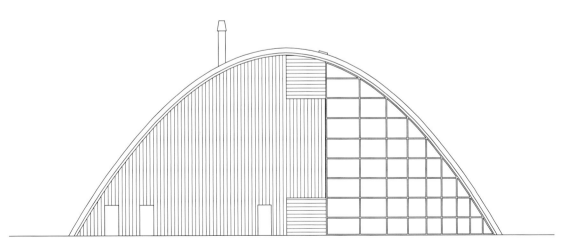

西南立面图

孩子们的图画拼贴在将建筑一分为二的砖墙
上。2200块彩板组合在一起形成了一束巨大的五颜
六色的火焰：底部是深蓝色，中间是绿色和黄色，
顶部是橘色。

这幅巨大的拼图将消防站的内部分成了两部
分。南侧是一个完全透明的空间，前面是玻璃外立
面，里面放置主要的消防设施，就像放在一个巨大
的商店橱窗中向外展示一样。这一侧基本上不使用
空调，因为它主要用作冬天和夏天的过渡区。室内
的消防车以及室外的景观可以从彩色墙上的高架画
廊上观看到。

项目的其余部分位于建筑的北侧。这是一个独
立的体量，采用坚固的承重墙建造。一楼包括淋
浴、更衣室、服务处以及机械设备存放区；二楼有
会议室和咖啡厅，而办公室则在顶楼。

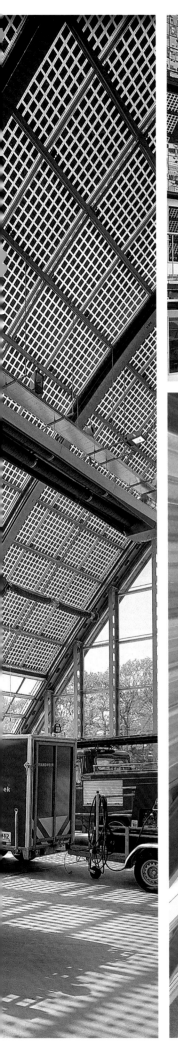

玻璃外立面上的大门设计能够让消防员们在有
紧急情况时快速离开。室内主要使用白色，抵
消了中间的墙上巨大火焰的明亮色彩。

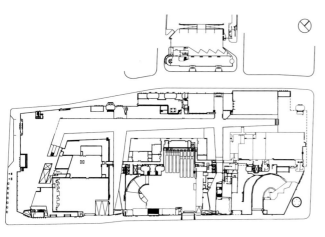

总平面图

　　蒙特利尔会议中心的扩建展示了建筑色彩作为城市再生的基础元素的巨大潜力，既不需要干扰城市的历史内涵，也不会影响到它们的深层根源。会议中心由维克多·普鲁斯于1984年设计，位于将旧城市中心和现代区划分开的高架桥上方。扩建区域被称为布勒里大厅，项目包括一层的施工，创造出将建筑和周围环境联系起来的公共和商业空间。

　　布勒里大厅构成了一个具有建筑特征的大型城市综合体，使之成为蒙特利尔的一个标志。建筑多彩的玻璃幕墙暗喻了这个城市的多文化特征，并且极大地吸引了行人的注意力。为了将会议厅现有的空间扩大一倍，特地建造了一个举办展览和其他活动的空间。大厅内部的设计结合了光线透过透明的夹层玻璃板折射和反射产生的效果，创造了一个彩色光线矩阵随着太阳的位置而变化的万花筒。

　　这个L形的建筑连接到一条旧的人行道。建筑由三个环组成：每个环的外部用于商业活动，内部是服务区。两条人行道将其连接，同时也将旧蒙特利尔与现代的模特利尔结合起来。

项目类型　文化设施
色 彩　Tétrault, Dubuc, Saia et associés、Hal Ingberg
总表面积　3444000平方英尺（320000平方米）
照片 ©哈尔·英博格

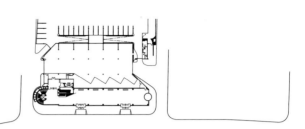

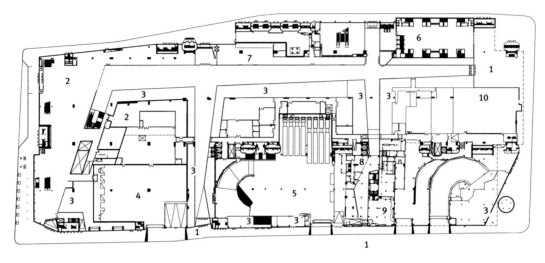

首层

1. 入口
2. 中庭
3. 商业楼宇
4. 公交车站
5. 卡车区
6. 地铁站
7. 柜台
8. 安全控制区
9. 邮局
10. 消防站
11. 展厅

12. 门厅
13. 酒吧
14. 广场
15. 会议厅
16. 厨房
17. 观察点
18. 餐厅
19. 露台
20. 水箱和技术服务

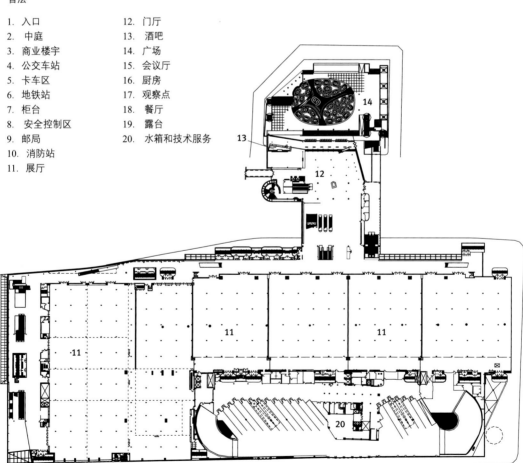

三层

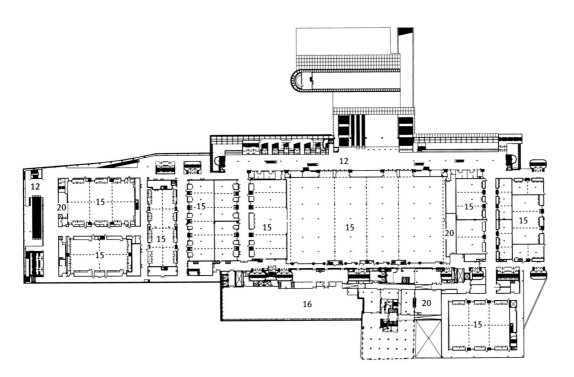

七层

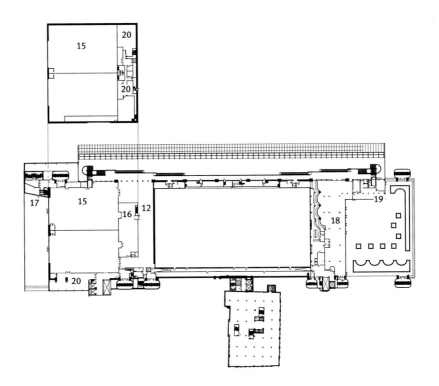

九层和十层

会议中心新增扩建区的布局考虑到了该地区现有建筑的高度，以保证它不会破坏建筑物的空中轮廓线。因此，尽管彩色的外立面形成了鲜明的对比，扩建建筑还是力图融入周围的环境。

彩色的玻璃板在室内和室外之间创造一个明显的区分。室内成为一个几乎无形的、梦幻般的空间，而室外则在周围的灰色中发散出光彩，将大楼渲染成为一个城市地标。

Els Colors 幼儿园

西班牙曼列乌，RCR建筑事务所

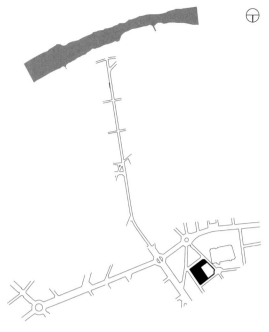

总平面图

曼列乌是加泰罗尼亚的一个城镇，位于在巴塞罗那以北50英里（80千米）。曼列乌市政厅委托Rafael Aranda、Carme Pigem和Ramon Vilalta经营的事务所为年龄为四个月到三岁的儿童设计一座幼儿园。建筑师们拟定的方案是一个基于单个模型重复和叠加的简单建筑，并且用外层和内部的彩色来消除这种单调感。他们最终建造的一座以鲜明的线条和强大的个性为特征的建筑脱颖而出，没有与周边环境混合在一起。

孩子的空间知觉是如何设置建筑空间的决定因素：建筑师们试图通过色彩和流畅的界线来帮助孩子们适应，使他们能够自由地与同伴以及周围环境交流。该方案设计了两个矩形区域，通过一个巨大的内部庭院相互隔开，并通过一个垂直于这两个矩形的多功能区连接起来。房间随之调整，并根据孩子的年龄分配不同的区域，而总务（厨房、洗衣房、衣柜）设置在每个分区的北部。

建筑结构含有垂直的金属元素以及水平的混凝土元素。彩色的外立面由红色、橙色和黄色的玻璃组成，带有2/3酸处理的和1/3透明的饰面。室内分区采用金属结构，覆有1/8英寸（3毫米）厚的甲基丙烯酸酯板，与外部的颜色相同。

项目类型　教育设施
色彩　RCR建筑事务所
总表面积　9989平方英尺（928平方米）
照片　©欧金尼·庞斯

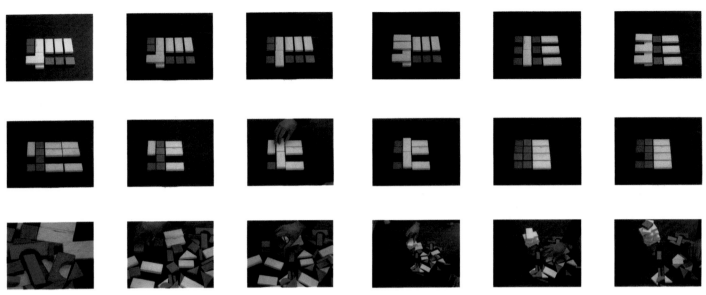

色彩选用分布的初步图示

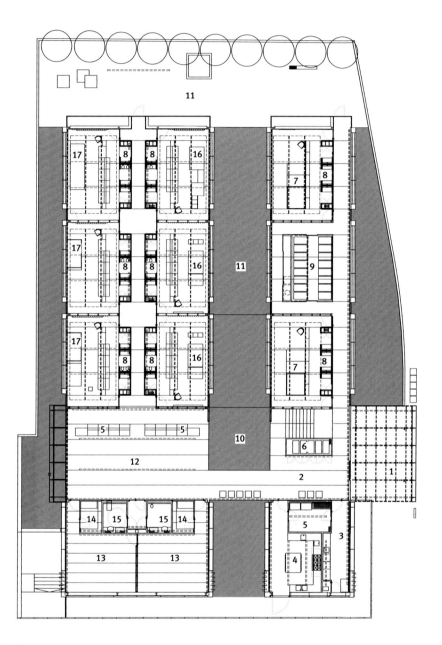

首层

1. 入口
2. 入口大厅
3. 洗衣房
4. 厨房
5. 储存区
6. 童车存放处
7. 0-1岁教室
8. 更衣区
9. 宿舍
10. 门廊
11. 露台
12. 多功能室

13. 宿舍/房间
14. 教具存放区
15. 服务处
16. 1-2岁教室
17. 2-3岁教室
18. 教师办公室
19. 更衣室和洗手间
20. 行政办公室

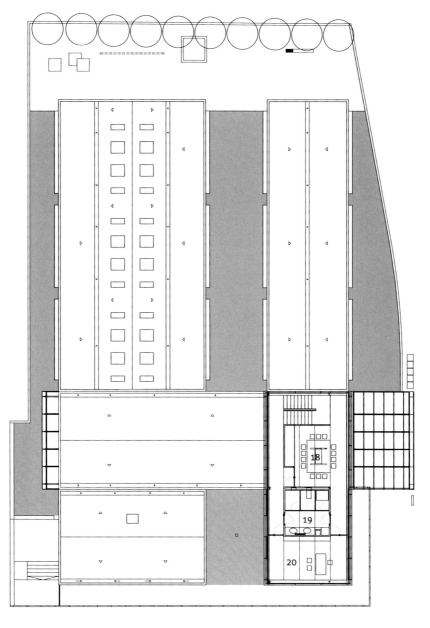

三层

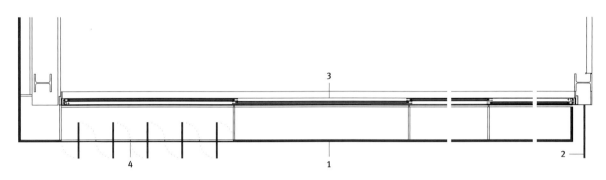

外立面平面图

1. 阳伞：金属板结构，夹层玻璃和彩色亚光PVB饰面
2. 夹层玻璃和透明PVB
3. 室内围墙：铝材和透明夹层玻璃

4. 阳伞：U型轮廓、夹层玻璃、彩色可加工亚光PVB
5. 锚固金属板结构
6. 门：铝制结构，镀锌金属板和隔热层饰面

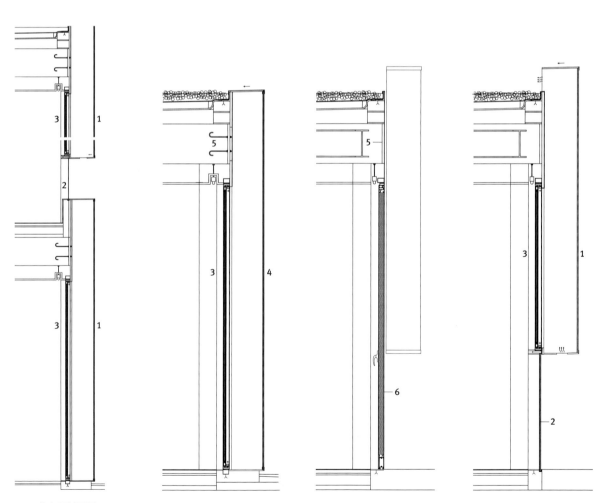

外立面剖面图

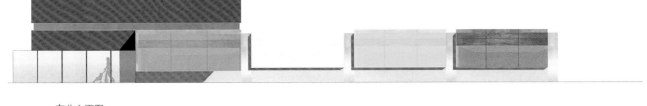

东北立面图

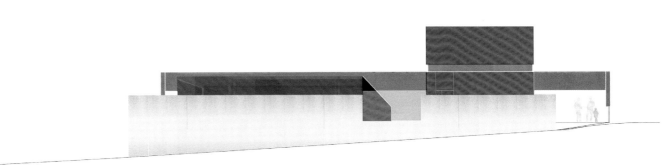

东南立面图

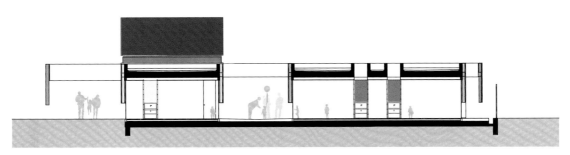

纵剖面图——入口

瑞斯学校

纽约州纽约市，Platt Byard Dovell White 建筑事务所

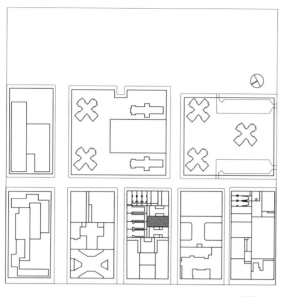

总平面图

瑞斯学校是、专为有学习障碍的孩子设立，位于纽约市的上东区。这个项目由PBDW建筑事务所设计，企图将其小心地融入周边满是褐砂石房屋的居民区。因此，虽然采用了彩色玻璃来打破环境的单一性，但建筑跟随其外立面的线条一起融入到了街区中。

玻璃外立面抓住了室外的阳光，并在室内打造出了五彩缤纷的光斑。建筑师们采用了一个可以让学生们自己找到路，认出自己教室的色彩方案。玻璃围墙是阳极电镀铝结构，而窗格则用四种不同颜色的夹层PVB板覆盖。

建筑师们将为具有特殊需要的孩子们设计一座学校视为一项刺激性的挑战。他们请教了治疗师、社工和老师的建议，从而了解这种机构的工作方式，并理解员工和学生们的需求。最终，他们设计了一座五层的大楼，内有12间教室和各种互补空间、特殊治疗室、心理专家和咨询师办公室，以及可以根据需求即时调整的弹性空间。

项目类型　**教育设施**
总表面积　21043平方英尺（1955平方米）
照片　©乔纳森·瓦伦

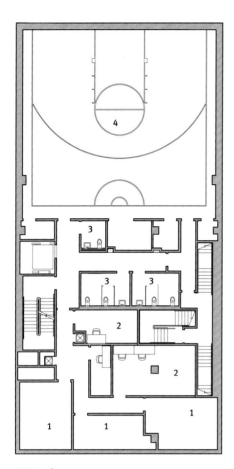

地下室

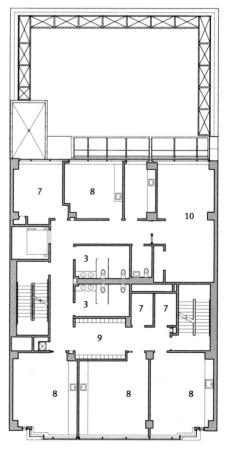

首层

1. 设备
2. 档案室
3. 洗手间
4. 健身房
5. 入口
6. 接待处
7. 办公室
8. 教室
9. 小隔间
10. 特殊房间
11. 露台

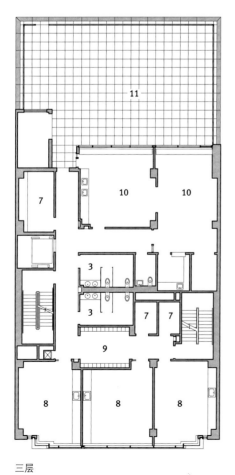

三层

四层

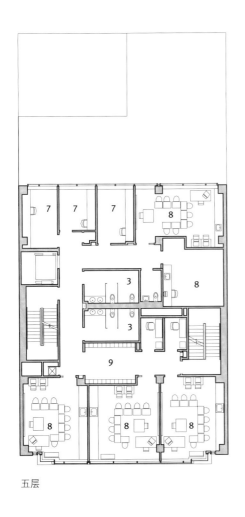

五层

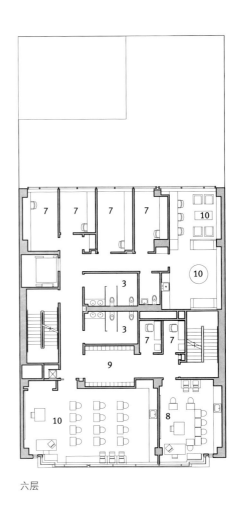

六层

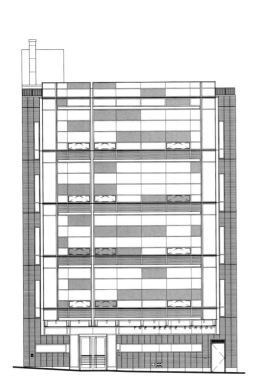

立面图

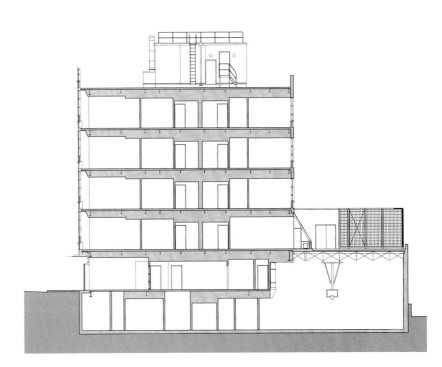

纵剖面图

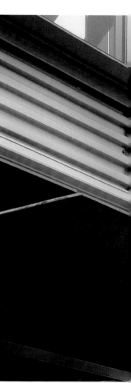

内部空间中保留了周围建筑的比例，从而创造出了面积有301平方英尺（28平方米）的教室，增加了老师和学生之间的人际互动。

另外，由于使用了合格的木材和可回收材料，并且在建设过程中恰当地处理了垃圾，瑞斯学校满足了LEED（领先能源与环境设计建筑评级体系）的可持续性建筑认证的条件。

Parque Explora 博物馆

哥伦比亚麦德林，亚历杭德罗·埃切韦里·雷斯特雷波

总平面图

为了给儿童和年轻人创造一个避免老生常谈的学术形式，并且永恒、充满活力、灵活多变的科技博物馆，来自麦德林市政厅的团队，由建筑师亚历杭德罗·埃切韦里·雷斯特雷波领队，选择了符合"项目的节日精神而没有将之变为一个短暂的、快速消费的游乐场"的形式和色彩。因此，探索公园围绕着将开放的和闭合的空间结合在一起而构建，并且一直与其所在的都市环境——正处于开发中的社区——以及自然环境——安第斯山保持着联系。建筑最主要的组成部分是四个红色的盒子，它们囊括了博物馆的内部，以及首层的一个大广场，它是博物馆主入口，众多科技游戏都设置在这里，户外种有小树木。

新博物馆位于麦德林北部的新北区，该地区正在经历着社会和物质上的转变，而这座标志性的建筑也正体现了这一点。这个城市发展过程中的剧变也体现在参观者沿着开放空间不断穿梭往来于红色的盒子中

项目类型　互动性科技博物馆
总表面积　296000平方英尺（27476平方米）
照片　©塞尔吉奥·戈麦斯，卡洛斯·托邦

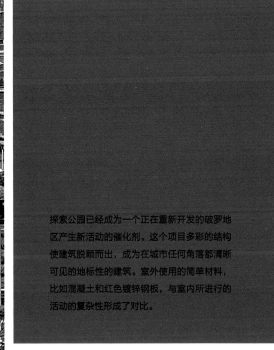

探索公园已经成为一个正在重新开发的破罗地区产生新活动的催化剂。这个项目多彩的结构使建筑脱颖而出，成为在城市任何角落都清晰可见的地标性的建筑。室外使用的简单材料，比如混凝土和红色镀锌钢板，与室内所进行的活动的复杂性形成了对比。

247

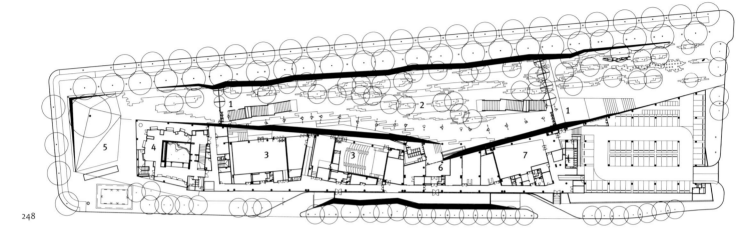

街道平面图

1. 入口
2. 开放大厅
3. 教室
4. 水族馆
5. 车站公园
6. 洗手间
7. 商店和餐馆
8. 美食广场

9. 麦德林地铁站
10. 阳台
11. 生活物理学大厅
12. 生活联系大厅
13. 地理多样性哥伦比亚大厅
14. 数码王国

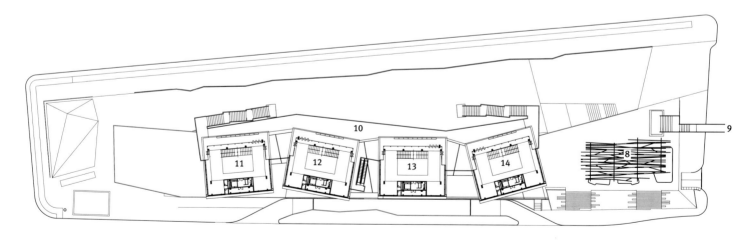

大厅平面图

纵剖面图——开放大厅

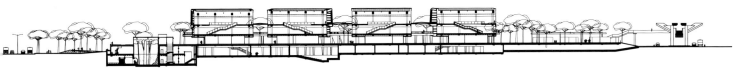

纵剖面图——水族馆

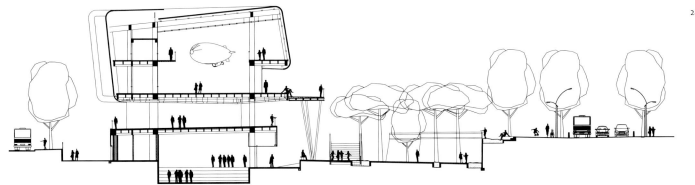

横剖面图——生活联系大厅

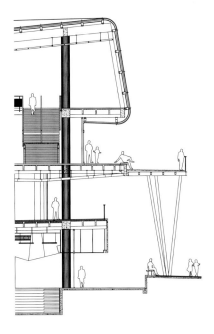

外立面施工详图

建筑师创造了一种新的分裂和波动的地势，形成了博物馆的轮廓，使之成为无论从何种角度看都是这座城市中最明显的建筑之一。探索公园被设计成为一个直接与日常生活联系的展示科学的场地。参观者积极并且自由地参与到他们自己的科学学习之旅中。使用者与微型世界互动，从而发现物理现象，并且与自己的生活联系起来。这个博物馆还展示了自然环境的多样性，尤其强调了哥伦比亚的自然环境。

由于提供了景点作为封闭空间的延伸，开放广场有了自己的游乐场氛围。另外，这个区域还在首层广场和红盒子之间设置了科技游戏作进一步补充，包括水族馆、数码电影院、电视演播室、行政办公室和科技服务。红盒子的顶层则是博物馆的核心空间：生活物理、生活联系、地理多样性哥伦比亚、和数码王国。这些封闭的空间通过一条长的架空走道联系在一起，由一个巨大的金属结构支撑着，形成了整个项目的联结。

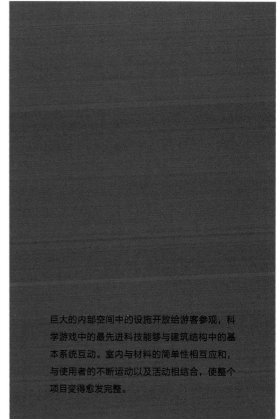

巨大的内部空间中的设施开放给游客参观，科学游戏中的最先进科技能够与建筑结构中的基本系统互动。室内与材料的简单性相互应和，与使用者的不断运动以及活动相结合，使整个项目变得愈发完整。

荷兰声像研究所（Netherlands Institute of Sound and Vision）

荷兰希尔弗瑟姆，努特林斯 · 雷代克建筑事务所

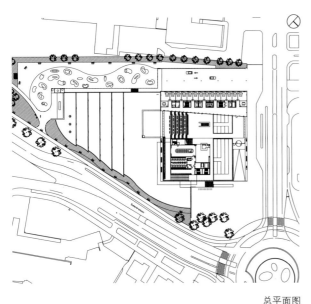

总平面图

希尔弗瑟姆隶属于兰斯台德，位于荷兰首都阿姆斯特丹以南19英里（30公里）。兰斯台德是一个以"媒体城"著称的组合城市，集合了主要的荷兰电台和电视公司。荷兰声像研究所通过保存关于电台和电视公司历史的档案成功融入了当地环境，建筑师将整栋建筑构思为一台巨屏电视，向国家历史致敬。于是，在与艺术家Jaap Drupsteen和来自埃因霍芬和圣戈班荷兰应用科学研究院（TNO）的科研团队的合作下，建筑师们将建筑外立面打造成了一个由玻璃板构成的触摸式表面，并用浮雕增强了这一效果。

从电视节目中截取的静态影像用作展示研究所的各类历史档案，共选用了748张图片应用到2100张玻璃屏上。在玻璃上贴上陶瓷，以便将照片转移到某一特定地点；而通过电脑数控（CNC）铣床沿中密度纤维板（MDF）精确作业便打造了浮雕。在玻璃上敷设一层陶瓷料浆后置于沙模之中，然后将其插入炉中加热至1508℉（820℃）。在这一高温下，玻璃将完成沙模塑型，而陶瓷料浆也将实现图片截取。

项目类型　国家广播档案建筑
总表面积　377000平方英尺（35000平方米）
照片　©Daria Scagliola, Stijn Brakkee

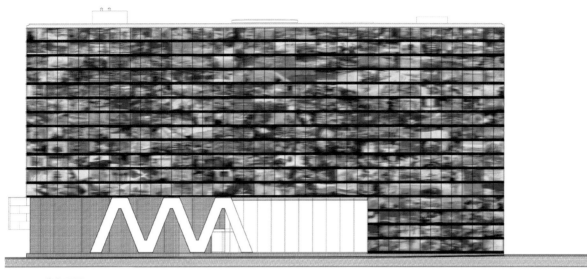

北立面图

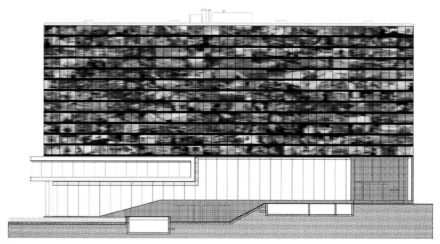

东立面图

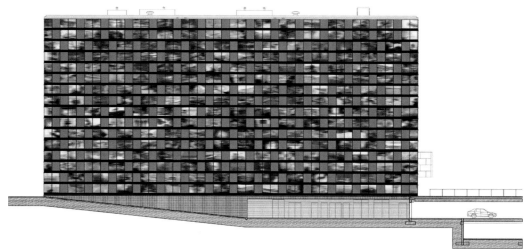

西立面图

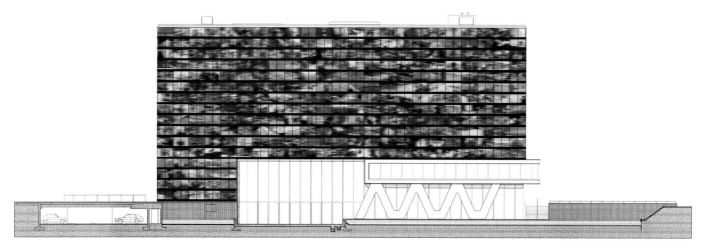

南立面图

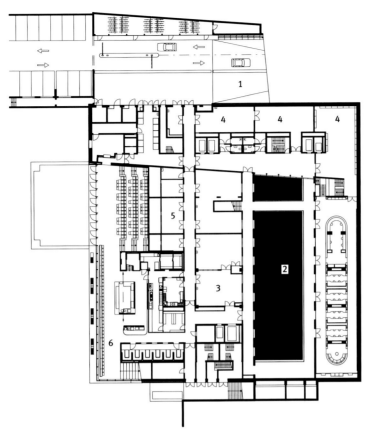

地下一层平面图

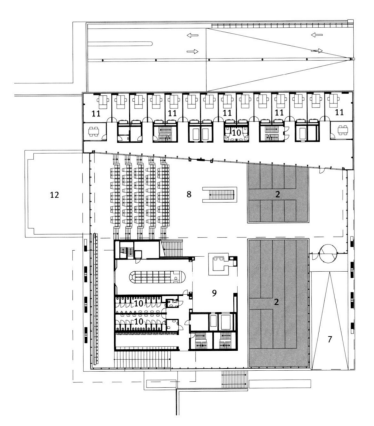

首层

1. 车库入口
2. 内院
3. 工作间
4. 档案室
5. 存储区
6. 咖啡厅
7. 公共入口
8. 中庭
9. 门厅和储藏室
10. 洗手间
11. 办公室
12. 露台

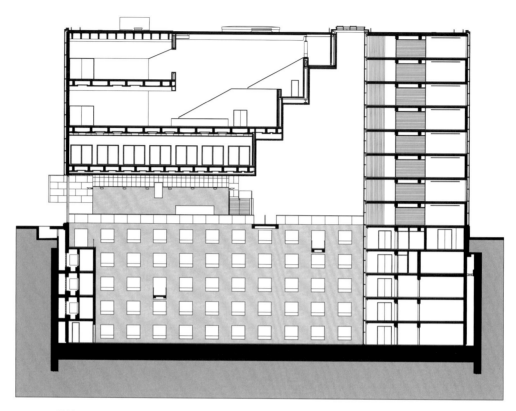

纵剖面图——内院

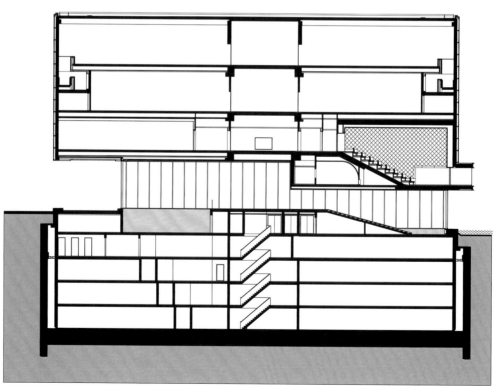

横剖面图——中庭

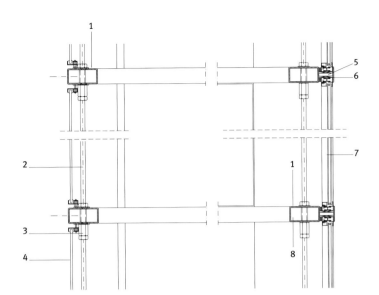

1. 5英寸×3英寸（120毫米×80毫米）钢横梁
2. 1英寸（24毫米）悬挂钢管
3. 螺母连接
4. 带浮雕钢化玻璃
5. 防磨板
6. 钢板
7. 镜片玻璃
8. 钢横梁支撑
9. 镀锌钢板
10. 绝缘钢架
11. 合成树脂包层
12. 窗帘导轨
13. 覆塑钢板
14. 超白钢化玻璃
15. 1/8英寸（4毫米）油毡地板
16. 预制混凝土
17. 纤维水泥包层

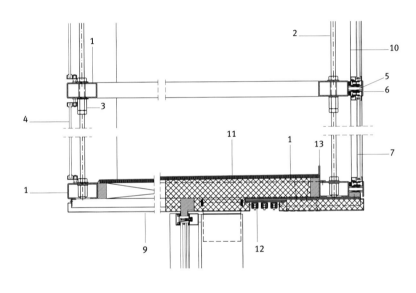

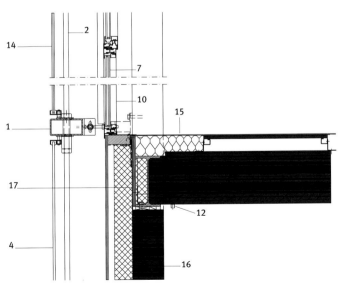

施工详图

该建筑包含两个建筑体量，立面清晰可见。档案馆位于地下，剧院居上，中间设有接待区、服务区和公共区域。建筑核心包含一个中空区域，从建筑地基延伸至屋顶，为建筑的五大组成要素：档案馆、博物馆、办公室、接待区和服务区创建一个相互连接的纽带。

荷兰莱利斯塔德，UNStudio工作室

阿哥拉剧院

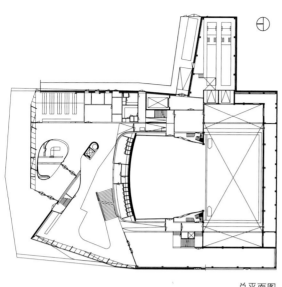

总平面图

由本·范·伯克尔和卡罗林·博斯工作室设计、West 8联合网络工作室主导的阿哥拉剧院是莱利斯塔德城市中心改造计划的重要组成部分。建筑物原址上的旧剧院建立于1976年，于2004年拆除，后被阿哥拉剧院取而代之，以一种恰当的戏剧性的方式为这座第二次世界大战后重新规划的城镇带来新的生机：通过恶作剧、故事、教育和鼓励反思等途径吸引观众的注意力。这就促成了在建筑内外采用几何结构，打造万花筒般的效果，呼应在舞台上的体验。

剧院的设计探索将艺术与新媒体在一个雕塑形态中融合，从而将建筑外立面打造成城市地标。建筑外立面采用了颇具特色的锐角和拱形平面，包覆着玻璃板与黄色或橙色涂装的钢筋。到了晚上，建筑立面的色彩衬托着设计顾问奥雅纳工程顾问公司精心计算输入的灯光。

为了解决声学问题，两座剧院需要分别设置在不同高度水平上，而建筑外立面所采用的形状正是对这一要求的响应。项目包含了两座剧院（分别为725座和200座剧院）、数个门厅、更衣室、多功能室、一家咖啡厅和餐厅。建筑内部色彩愈发浓烈，大礼堂采用红色，而位于首层门厅中央的楼梯所采用的颜色方案囊括了白色、粉红、紫色和其他各种深浅不一的红色等等。

项目类型　文化设施
色彩设计　联合网络工作室
照明设计　英国奥雅纳工程顾问公司
总表面积　63400平方英尺（5890平方米）
2007年市场剧院照片　©联合网络工作室©克里斯汀·理查斯

市场剧院已经成为莱利斯塔德市的地标性建筑，突出了通往中心火车站的对角线路线。

建筑外立面的平面律动使得创建观众与演员可以直接眼神交流的空间成为了可能，位于主入口上方的区域为剧院员工保留区域，在这里，员工可以透过一扇巨大的斜窗看到公众进入剧院建筑。

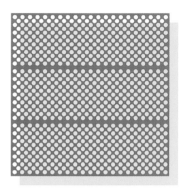

初步研究

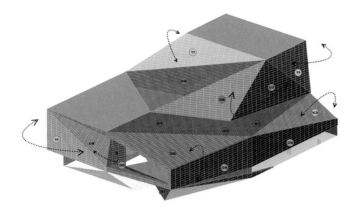

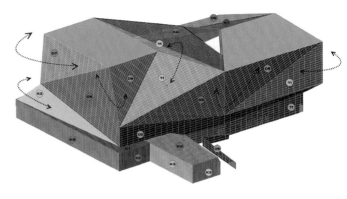

西北视图
外立面颜色分布

西南视图

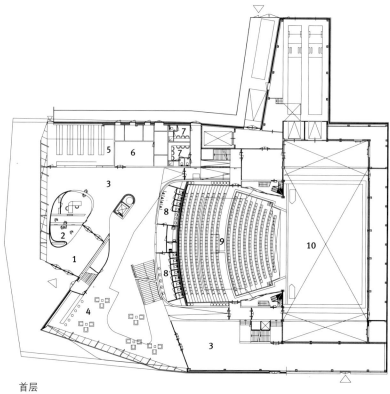

首层

1. 主入口
2. 柜台
3. 门厅
4. 酒吧
5. 行李寄存处
6. 办公室
7. 更衣室
8. 服务台
9. 大剧院
10. 大剧院舞台与设施
11. 小剧院
12. 阳台观景处
13. 多功能厅
14. 储藏室

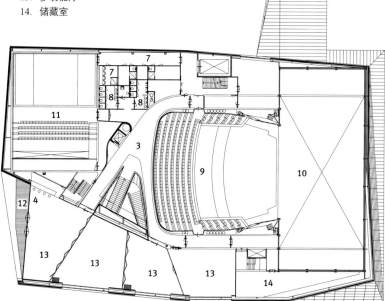

三层

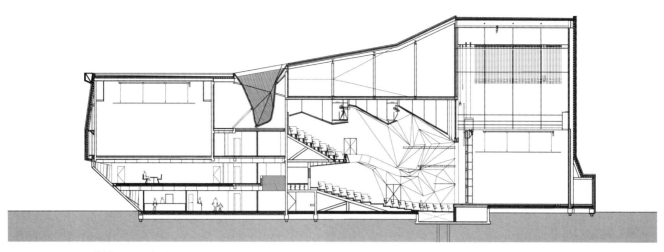

横剖面图——柜台

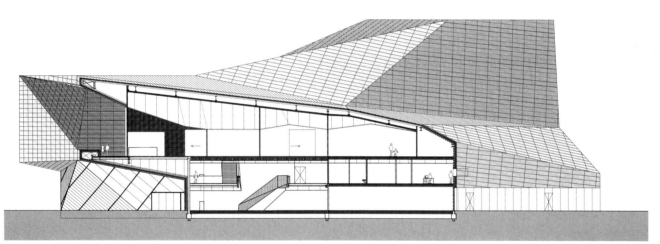

横剖面图——主入口

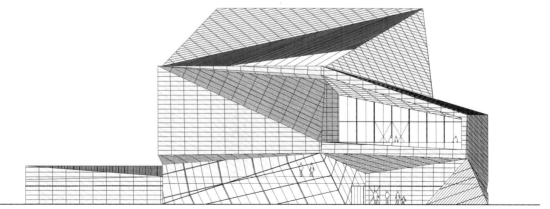

北立面图

考虑到近年来剧院建筑所取得的创新成就，联合网络工作室团队希望为奥雅那工程顾问公司提供一个清晰开放的组织结构，从而创建一个灵活、透明且智能化的多功能剧院设计。

因此，在建筑内部，主厅楼梯同时作为观众席与建筑各层的连接纽带，体现了建筑的复杂性。

风之形

法国拉科斯特，nARCHITECTS建筑师事务所

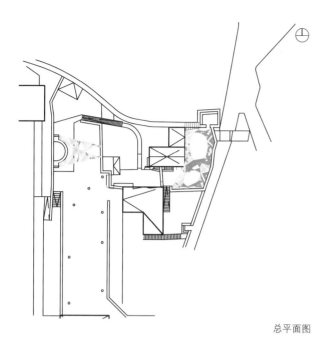

总平面图

　　"风之形"是由美国萨凡纳艺术与设计学院（SCAD）委托NArchitects事务所设计的一处活动与聚会中心，项目地点位于萨凡纳艺术与设计学院在法国拉科斯特普罗旺斯校区附近。拉科斯特建于普罗旺斯山顶，是一个有着鹅卵石铺成的街道和各式民居的风景如画的中世纪小镇。这座小镇和18世纪曾被萨德侯爵占领的城堡仿佛是硬生生地从山脉上砍劈出来的，而山脚下的葡萄园和薰衣草园则洒落成了一幅幅亮丽、延绵起伏而多变的风景画。小镇棱角分明的几何结构和周围乡村地区的内在活力赋予了"风之形"独特的外部形态。

　　2006年夏，这座中世纪的小镇迎来了一处举办音乐会、展览和其他一系列演出的公共集会场所——"风之形"。建筑师与萨凡纳艺术与设计学院的学生们花了五周的时间共同建造完成了这一作品，新的施工方法促使了多种已经确定和未确定的因素的使用，从而创建出了三脚架堆叠而成的亭子。先将三根白色的塑料管组装成三脚架，然后采用铝条连接，最后利用一系列的三脚架组成"风之形"这一简约的结构。建筑师们现场将白色聚丙烯细绳穿结，然后把安装完成的结构相互堆叠，最后将三脚架与三脚架之间的细绳串织起来。

项目类型　临时装置
总表面积　18500平方英尺（1720平方米）
照片　©NArchitects建筑师事务所，Daniela Zimmer

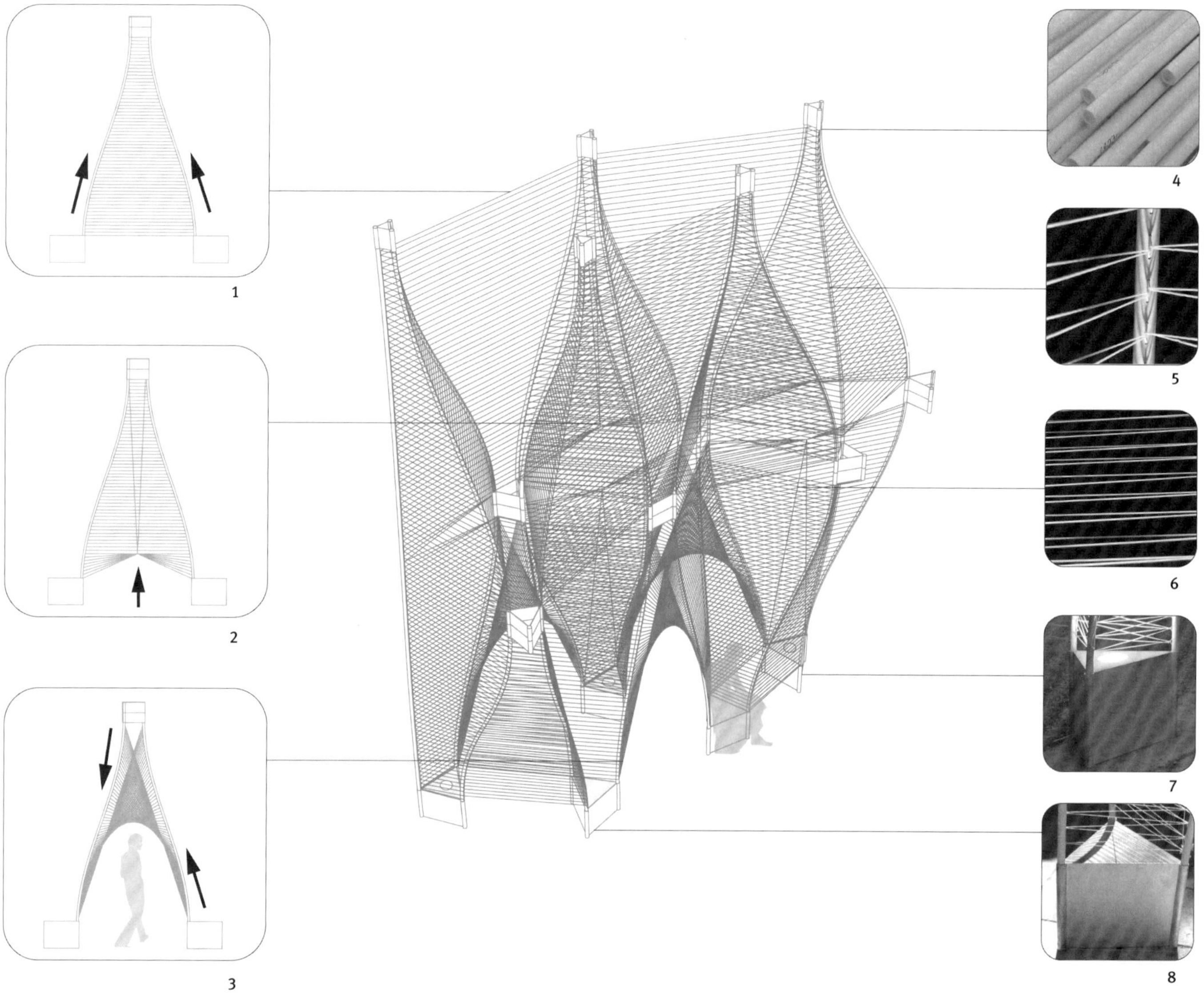

1

2

3

4

5

6

7

8

编结和材料策略图

1. 标准编结
2. 集中编结
3. 抛物线形编结
4. 塑料管
5. 基础缝合
6. 补充编结
7. 三脚架基础与灯具
8. 三脚架基础与座椅

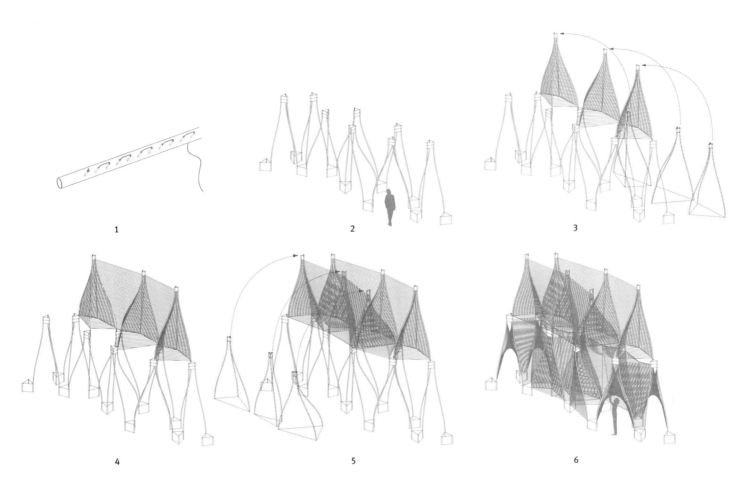

1   2   3

4   5   6

施工步骤

1. 缝合塑料管
2. 安装基础三脚架
3. 预编结并安装上部三脚架
4. 编结三脚架之间的细绳
5. 安装上层三脚架、编结三脚架
   之间的细绳
6. 编结基础

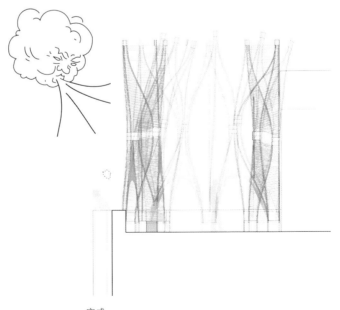

完成

　　NArchitects建筑师事务所由Eric Bunge和Mimi Hoang于1999年合作建立，试图创建出易于接受的灵活架构，使结构可以适应各种变化。"风之形"的建造使他们开始探索一种新的理念——可以对自然刺激作出回应的建筑。这座由26英尺（8米）高的亭子所组成的临时设施会随着风速的改变而不断变化。通过细绳张力的改变，"风之形"会以节奏型的摆动和快速的波动回应风的作用力，亭子会随之膨胀或收缩，呈现出各种不同的形变。以萨德侯爵的城堡（Chateau de Sade）为背景，夜晚的"风之形"在灯光的照亮下，从3英里（5公里）外便可以看见其身影。

　　该设施一共使用了31英里（50公里）长的聚丙烯细绳穿结在结构网格上形成织结紧密的外围护，提供了休息和其他区域，而更具流动性的区域则设为门窗结构。"风之形"利用这些薄脆柔性材料的特性，创建了一个弹性结构，使弯曲的塑料管和紧绷的细绳形成一个可以随着风的作用力而不断变化的柔性结构。最后，将特定的预制件与现场组装的结构组合起来，便形成了"风之形"。

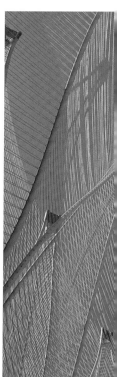

建筑师们设计了一种可以综合各种量化和非量化制造系统的灵活构建方法。"风之形"这一结构既离不开细绳、塑料管和铝条等材料的精确数码模型转译，又依赖于工地现场即兴添加的其他元素。

声之林

西班牙萨拉戈萨，克里斯托弗·詹尼（Christopher Janney）

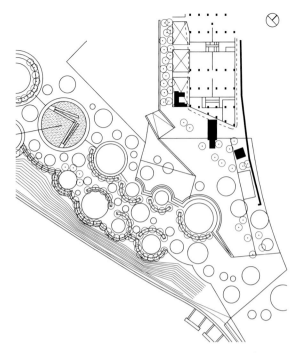

总平面图

建筑师克里斯托弗·詹尼为2008年萨拉戈萨世界博览会设计的项目为"城市乐器"之一。早在学生时期，克里斯托弗·詹尼便开始创建这一项目，试图通过声音和光线激活组合设置。1994年，他的第一个"城市乐器"项目出现在了匹兹堡PPG公司大厦前的广场和纽约的林肯中心前。这一项目由25棵铝树组成，每棵高8英尺（2.44米）。2004年，他在纽约的联合广场和林肯中心建立了更加新颖、精致的"城市乐器"项目。2005年，为了庆祝波纳罗音乐节，在美国田纳西州曼彻斯特对这一项目进行了重新改装。

建筑师将装置中的铝树尺寸设计为比观看者小10英寸（25厘米），从而将"声之林"与城市结构交织在一起，试图通过这一设计将人性化的一面重新融入公共空间之中。每个柱体上均设有模拟人眼的电子传感器、4英寸（10厘米）扬声器和MR16灯具。观看者在柱体附近的活动将触发一系列的预设声光效果。该装置柱体可插入地面，适用于任意场合。

项目类型　永久装置
总表面积　1000平方英尺（93平方米）
照片　哈维尔·贝尔韦尔©2008年萨拉戈萨世界博览会

为2008年萨拉戈萨世界博览会设计的"城市乐器"版本由21根柱体组成,柱体不仅对观看者的动作作出回应,闲置10秒后也会重新激活程序。为了响应本届世界博览会的主题——水和可持续发展,这个特殊"声之林"中的扬声器会发出鲸鱼和海豚交流的声音,引起大家对水下环境的重视。

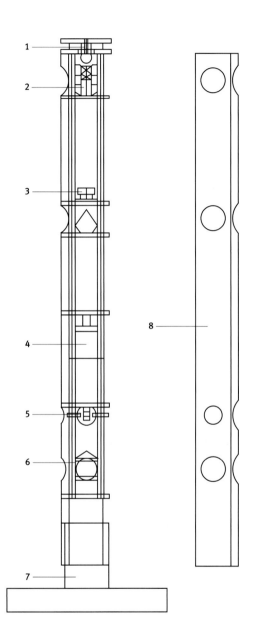

剖面图和立面图——柱体

1. 闪光灯
2. 4 MR16 LED灯
3. 扬声器
4. 电路板
5. 光伏电池
6. 白炽夜灯
7. 混凝土底座
8. 检修门

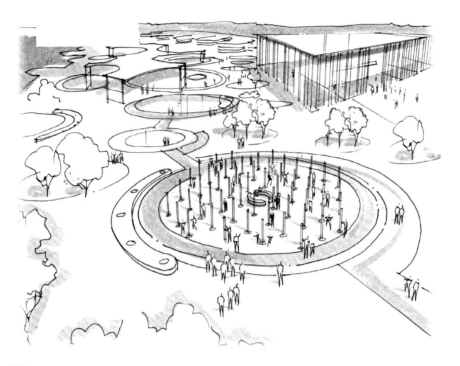

草图

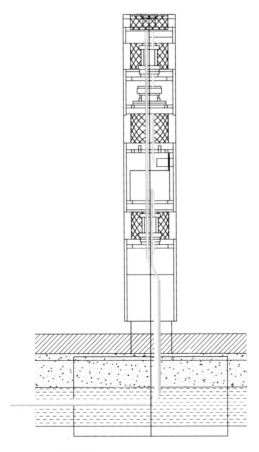

施工剖面图

为了活跃埃布罗河周边区域，2008年萨拉戈萨世界博览会设计了多个项目，"声之林"正是其中之一，更是首个在美国以外找到永远的家的装置。

萨拉戈萨"城市乐器"的每棵铝树都可以复制发出大自然和乐器的各种声音和短的旋律，而声音的随机混合则会创造出永不雷同的整体效果。

戏剧艺术中心

中国台湾台北，B+U建筑事务所

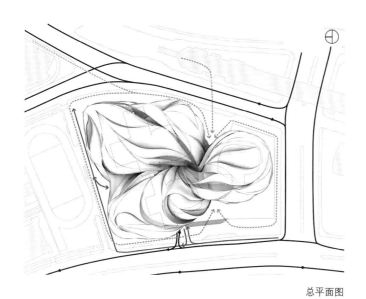

总平面图

B+U建筑团队的成员结合自身的音乐训练和建筑经验提出了综合乐曲和数码媒体的项目构想。团队创建的软件可以通过声波图和声音三维模式进行实验，因此，竞争台北戏剧艺术中心建设的项目也是以声音为基础。他们对声波进行分析，将其转换为提供建筑结构和外部形式的载体，试图借此增强作为城市参考点的机构的丰富性与多样性。建筑外部采用的玻璃与金属增强了三个体量的流线感，还可以从中瞥见建筑内部正在进行的活动。

该建筑位于士林夜市和捷运剑潭站相连处，考虑到这种联系一定会形成一个大型广场，建筑师决定将建筑物提升到地面以上。这一设计将街道与周边环境联系起来，并设置了通往主厅和三个剧院的中央入口。就广场本身而言，其中一座剧院的大型屋架结构覆盖下的区域包含了商店和餐厅，从广场和邻近街区均可进入。

项目类型　文化设施
总表面积　430000平方英尺（40000平方米）
渲染图　© B+U建筑事务所

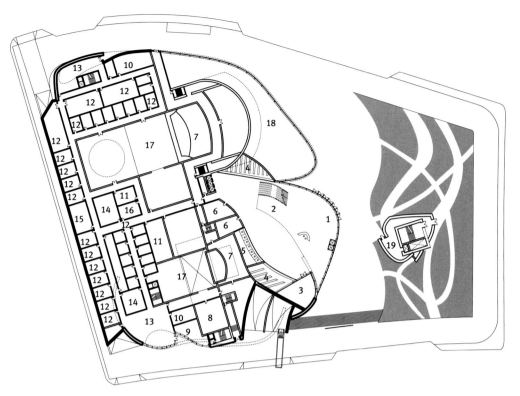

首层

1. 入口	12. 衣帽间	23. 大剧院
2. 门厅	13. 接待处	24. 舞台布景建设
3. 安保室	14. 更衣室	25. 排练厅
4. 寄物处	15. 洗衣房	26. 餐厅
5. 柜台	16. 急救室	27. 酒吧
6. 休息室	17. 舞台低处	28. 技术人员工作室
7. 存储区	18. 购物廊和餐厅	29. 厨房
8. 机房	19. 安检入口	30. 紧急控制
9. 办公室	20. 舞台前部	31. 多功能剧场
10. 会议室	21. 主舞台	32. 演员休息室
11. 厕所	22. 剧场	

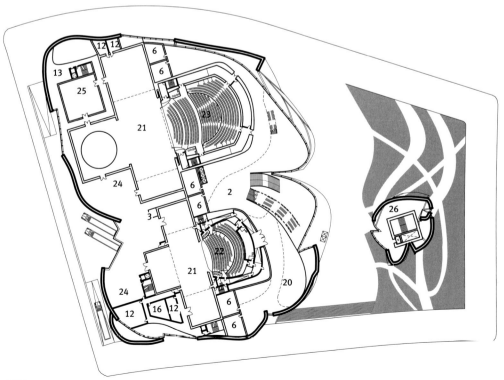

三层

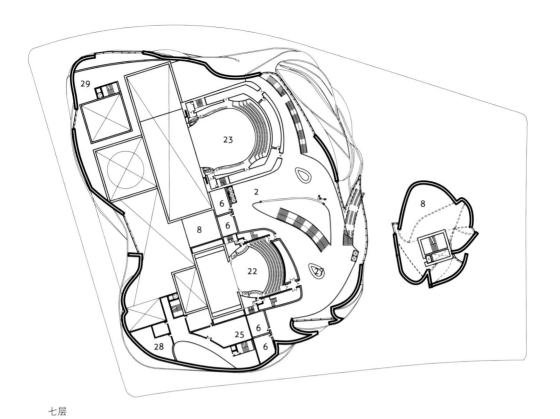

七层

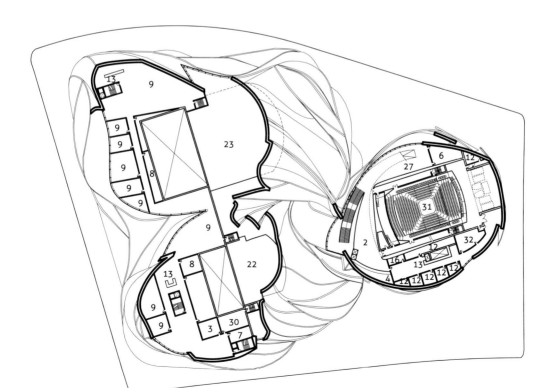

九层

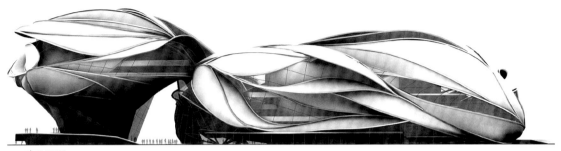

东立面图

西立面图

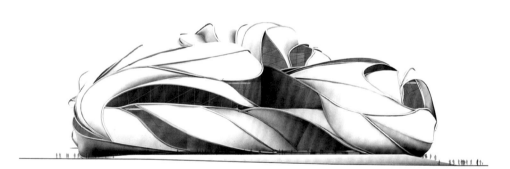

北立面图

南立面图

305

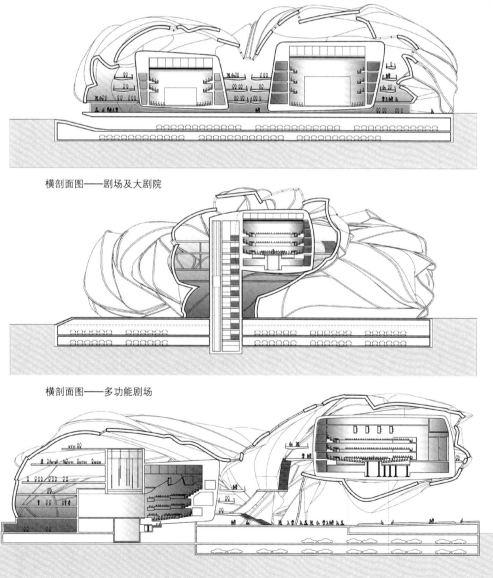

横剖面图——剧场及大剧院

横剖面图——多功能剧场

纵剖面图——剧场及多功能剧场

台北戏剧艺术中心项目的首要任务就是设计出特别适用于台湾戏剧艺术需求的空间，同时也确保适合其他各种类型的演出。大剧院共有三层，能容纳1500人，可进行歌剧、芭蕾舞剧、交响音乐会、戏剧、舞蹈作品、多媒体活动、打击乐演出、武术竞赛和参禅等表演。剧场设计成一个带有大型舞台的礼堂，可容纳800人，共两层；多功能剧场可容纳800人，共两层，舞台可根据需要（在中心、前部或旁边）进行布置。

大剧院和剧场位于场地北部，多功能剧场位于场地南部，稍高于地面。为了创建中央区域及三个剧场之间的视觉联系，玻璃覆面的门厅设有大型楼梯，可通往三个剧场。三个剧场均为独立操作的建筑物，各有其单独的循环，并通过中央区域相连。广大市民在不观看演出的情况下，同样可以进入各剧场内部的礼堂周边区域。

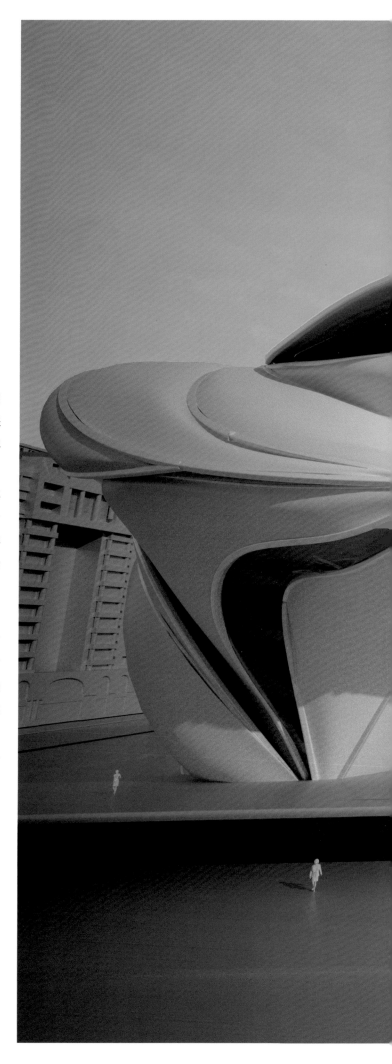

后台。剧场组织符合各类戏剧艺术的要求，
同时满足台湾文化形态的需求。各剧场在其
邻近街道均设有后台入口。

低像素／高保真装置

美国华盛顿特区，HöWELER + YOON ARCHITECTURE设计事务所

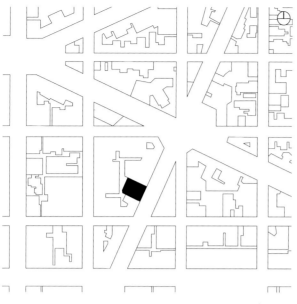

这是为华盛顿特区佛蒙特大道1110号建筑门厅的改造而设计的一种互动装置。该装置由带LED（低像素）矩阵的玻璃展示柜和触碰灵敏（高保真）的网格组成，各元素根据路人的动作实时形成声音和照明。

低像素模块的展示柜与建筑物的外立面垂直对齐，各展示柜包含8000个电缆支持的像素点，像素点采用定制产品，可单独自由开关。展示柜彼此相互作用，形成一块可播放文本或低分辨率图像的屏幕。屏幕上一般显示大厦的地址1110，其中数字1和0设置为滚动，并将其设成背景图片。当屏幕的变化吸引行人靠近玻璃展示柜时，隐藏摄像头会抓拍到他/她的照片，并将信号发射回LED矩阵，从而形成一个与滚动背景图片契合的实时数码影像。

高保真模块是城市的一件乐器，不锈钢发声管一被碰触就会发出一串串优美的音调（埃里克·卡尔森作曲）。

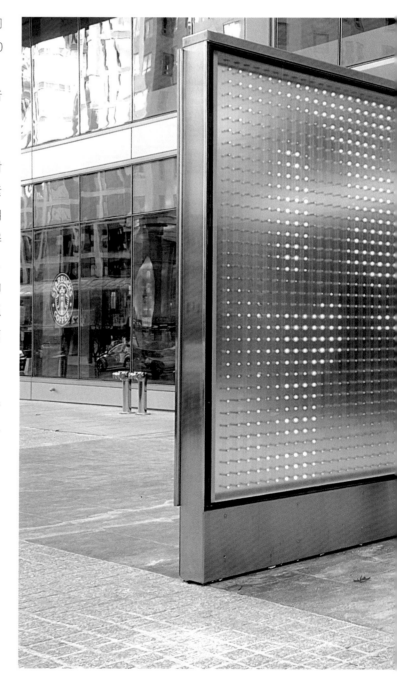

项目类型：永久性声音装置（埃里克·卡尔森作曲）
总表面积：3300平方英尺（310平方米）
照片©美国HöWELER + YOON ARCHITECTURE
设计事务所，Alan Karchmer

本项目距离白宫仅几个街区，最初打算将其设计为一个临时装置来活跃公共区域，吸引经过佛蒙特大道1110号建筑入口的行人注意力。它迫使路人重新思考与构筑空间的关系，从一个旁观者向积极参与者转变。

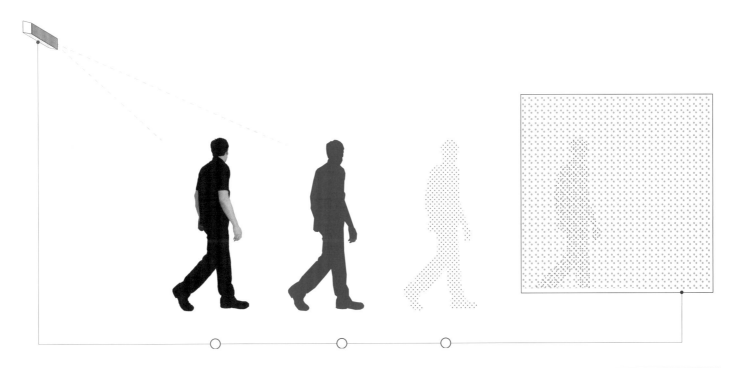

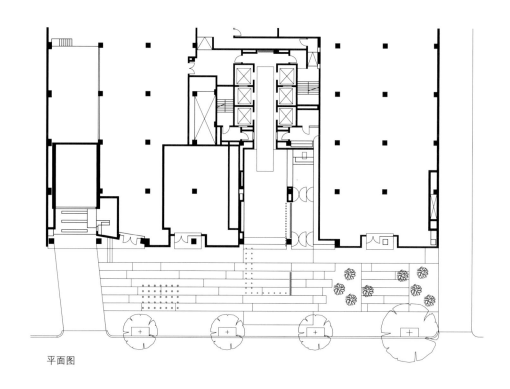

平面图

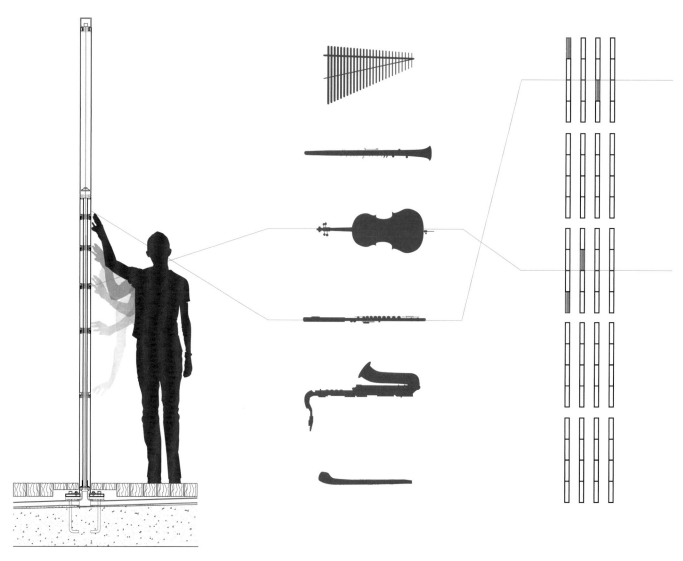

多种声音配置

高保真模块又被称为会"发声的钢管林"，是一片由20根触碰灵敏的钢管所组成的互动区域。这是对2004年雅典奥运会中"纯音"、"纯色"构想的进一步创新。发声管由蓝色LED发光环连接，与低像素展示柜相呼应。

竹之歌

法国卢瓦尔河畔肖蒙城堡，N+B建筑师事务所

总平面图

法国卢瓦尔河畔肖蒙城堡位于卢瓦河谷，距离法国巴黎112英里（180公里）。每年，在肖蒙城堡的园林中都会举办国际花园展，这已经成为一场园艺和景观美化最新趋势的展示盛会。2006年，为了探讨当年的花园展主题：园中嬉戏，共计创建了26个项目。其中，N+B建筑师事务所的设计将竹竿悬挂起来，当游客穿行其中，竹竿便会随着游客的动作"歌唱"。这个设计为儿童和成年人带来了新的游戏，他们可以自由改造空间，创造属于自己的声音。

N+B建筑师事务所热衷于研究精神与物质、时间与材料之间关系的项目开发。在"游戏乐园"项目中，他们提出了创建一个可以充分释放感官与情绪的场所的理念。在法国卢瓦尔河畔肖蒙城堡国际花园展上，N+B建筑师事务所试图玩转对立：固定的结构与悬挂的竹竿、安装的灵活性与竹竿的坚固性、吹过竹竿的风声与竹竿互相敲击的声音等互相对立的因素均有体现。园中嬉戏需要玩家，因此"竹之歌"邀请游客进入一个迷宫，在这里，他们将创造声音、空间，乃至图像——这是一个释放所有感官、唤醒探索乐趣的体验。

项目类型：临时装置
总表面积：344平方英尺（32平方米）
照片© N+B建筑师事务所

入口立面图

东南立面图

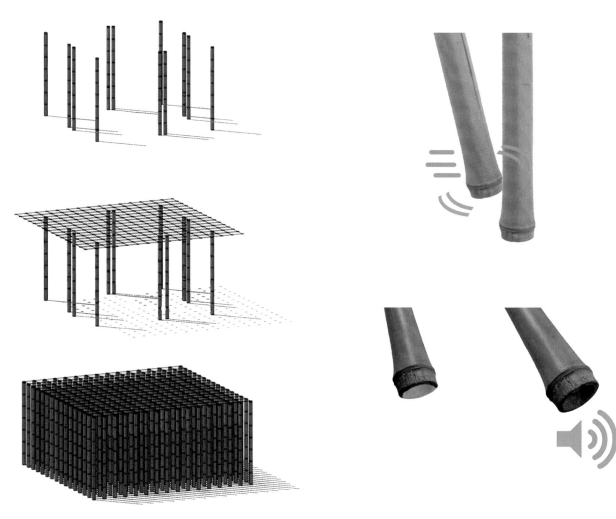

施工轴测图

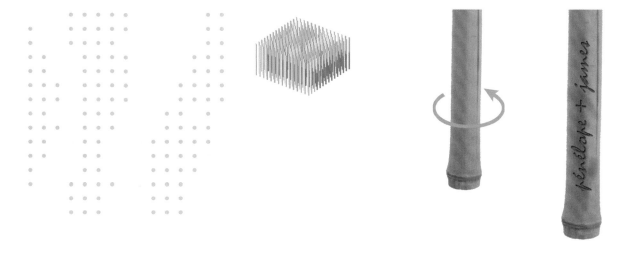

色表   竹竿用途

Kofmehl 音乐厅

瑞士索洛图恩，SSM建筑师事务所

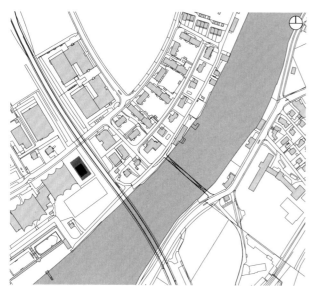

总平面图

索洛图恩是一片极富工业传统的土地，小镇上丰富多彩的文化活动和一系列令人印象深刻的巴洛克和文艺复兴时期的建筑，吸引了来自全国各地的大批游客。当然，除此之外当地发展悠久的重工业也颇负盛名。为了取代旧的音乐厅，Kofmehl音乐厅设计成强调工业环境的独特建筑风格。建筑师试图整合能够唤起人们对旧建筑及周边环境回忆的颜色、质地等元素；因此，项目的室内设计灵感完全来源于旧的音乐厅，而建筑外观则重新诠释了一个工厂的典型样貌。

中性设计赋予了这栋建筑无限的改造可能，Kofmehl音乐厅的最终设计是将一个立方体套在另一个立方体之中，音乐厅居中，其他服务设施围绕音乐厅而设。相较于传统音乐厅而言，中央音乐厅与外幕墙之间的缓冲地带可以阻挡噪声外溢，同时也免受外部震动困扰。因此声音流动通过物理空间和听觉空间可测的相互作用得以控制。Kofmehl音乐厅的棱柱按照1:1.6:2.33的比例设计，确保最佳音响效果和音质。

项目类型: 音乐厅
总表面积: 18500平方英尺 (1720平方米)
照片© Hansruedi Riesen

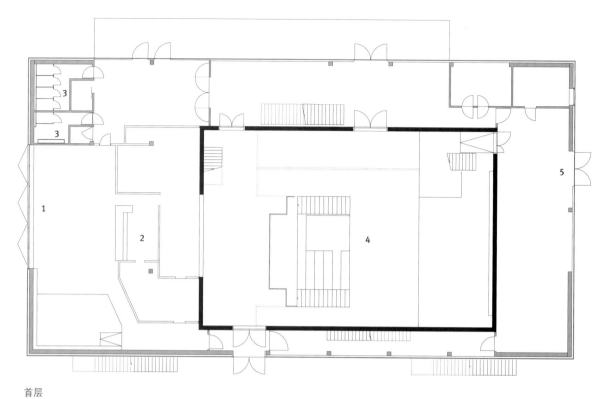

首层

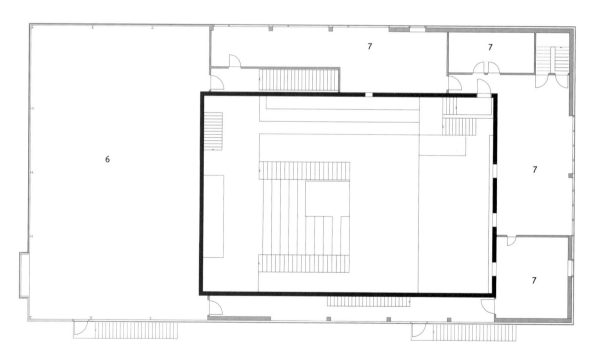

三层

1. 主入口   5. 后台入口
2. 酒吧   6. 会议室
3. 服务区域   7. 办公室
4. 大厅

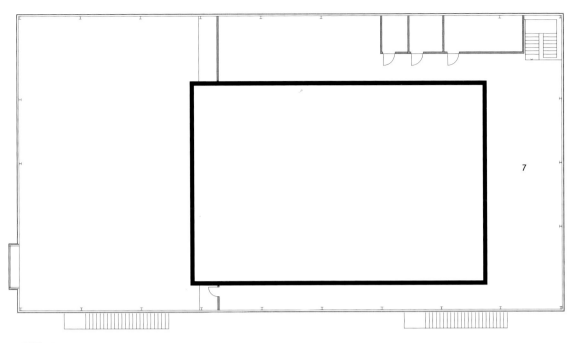

7

四层平面图

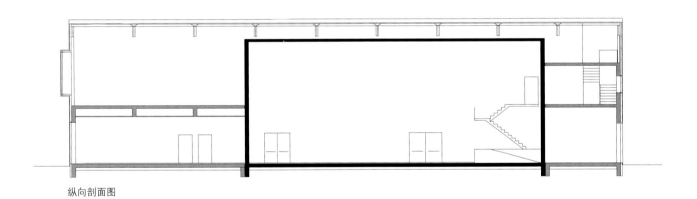

纵向剖面图

横向剖面图

Kofmehl音乐厅项目试图对年轻人熟悉的文化符号作出回应，鼓励年轻人参与到"小房子"中。早在施工阶段开始时，Kofmehl音乐厅就被冠以"小房子"的昵称，开放后不久便涂满了密密麻麻的涂鸦。建筑外立面的红色涂漆钢板看起来十分老旧，而随性的城市艺术使得这一特点更加鲜明。于是，在这个往往行人稀少的区域——工业园区里——一座老旧音乐厅的精髓被成功植入了，而这一建筑也成为新的城市标志性建筑。

音乐厅正面面向西北，外立面凸出的方形窗扇将建筑与城市和侏罗山连为一体。建筑的东北方面，附属建筑物保卫着门厅的入口，透过穿孔金属板，建筑内部的景色隐约可见。西南立面上的两个金属楼梯与建筑室内比例相呼应，分别通往会议室和走廊。室内空间沿用了Kofmehl前身的红色、黑色和黄色。门厅、休息室和更衣室设有独立出入口；建筑前方设有一个大厅，可举办小型活动；建筑顶层为办公和会议区域。

332

DUTTMANN, MARTINA, ED.
Colour in Townscape
The Architectural Press
London, 1981

LORD, PETER, AND DUNCAN TEMPLETON.
The Architecture of Sound: Designing Places of Assembly
The Architectural Press
London, 1986

MINNAERT, M.
The Nature of Light and Color in the Open Air
Dover Publications
New York, 1954

MOOR, ANDREW
Colours of Architecture: Coloured Glass in Contemporary Buildings
Mitchell Beazley
London, 2006

MORENO, SUSANA
Arquitectura y música en el siglo XX
Fundación Caja de Arquitectos
Barcelona, 2008

PALLASMAA, JUHANI
The Eyes of the Skin:Architecture and the Senses
John Wiley
New York, 2005

RASMUSSEN, STEEN EILER
Experiencing Architecture
MIT Press
Cambridge, MA, 1964

ROSSOTTI, HAZEL
Color
Princeton University Press
Princeton, NJ, 1983

SPEIRS, JONATHAN,ET AL .
Made of Light:The Art of Light and Architecture
Birkhäuser
Basle,2006

TORNQUIST, JORRIT
Color and Light:Theory and Practice
Ikon
Milan,1999

TREIB, MARC
Space Calculated in Seconds. The Philips pavilion, Le Corbusier, Edgard Varèse
Princeton University Press
Princeton, NJ, 1996

XENAKIS, IANNIS
Musique Architecture
Editorial Casterman
Tournai, 1976

参考文献

ALEJANDRO ECHEVERRI RESTREPO
Calle 5G # 32 - 103, Of. 604, Medellín, Colombia
T: +574 312 12 11
aecheverri@aearquitectos.com.co
www.aearquitectos.com.co

BRISAC GONZÁLEZ ARCHITECTS
7 Bermondsey Exchange, 179 - 181 Bermondsey Street,
London SE1 3UW, United Kingdom
T: +44 20 7378 7787
admin@brisacgonzalez.com
www.brisacgonzalez.com

B+U
834 S. Broadway Blvd # 502, Los Angeles, CA 90014, United States
T: +1 213 623 2347
contact@bplusu.com
www.bplusu.com

CAMENZIND EVOLUTION
Samariterstrasse 5, 8032 Zurich, Switzerland
T: +41 44 253 9500
zurich@camenzindevolution.com
www.camenzindevolution.com

CHETWOODS ASSOCIATES
12-13 Clerkenwell Green, London EC1R 0QJ, United Kingdom
T: +44 20 7490 2400
laurie.chetwood@chetwoods-london.com
www.chetwoods.com

CHRISTIAN DE PORTZAMPARC
1, rue de l'Aude, 75014 Paris, France
T: +33 1 40 64 80 00
mail@portzamparc.com
www.portzamparc.com

CHRISTOPHER JANNEY
75 Kendall Road, Lexington, MA 02421, United States
T: +1 781 862 6413
phenom@rcn.com
phenomenarts.blogspot.com

HAL INGBERG
4844, av. Henri-Julien, Montreal H2T 2E1, Canada
T: +1 514 843 6578
ingberg@halingberg.com
www.halingberg.com

HÖWELER + YOON ARCHITECTURE
150 Lincoln Street, #3A, Boston, MA 02111, United States
T: +1 617 517 4101
info@mystudio.us
www.hyarchitecture.com

JULIANO DUBEUX ARQUITETOS ASSOCIADOS
Avenida Alfredo Lisboa 507 1°, Recife, PE 50030-150, Brasil
T: +55 81 3424 3796
julianodubeux@julianodubeux.com
www.julianodubeux.com

LAB[AU]
Lakensestraat 104 rue de Laeken, Brusselas 1000, Belgium
T: +32 2 2196555
lab-au@lab-au.com
www.lab-au.com

METRO ARQUITETURA
Av. João de Barros, 1527 Sl. 701 Recife, PE 52021-180, Brasil
T: + 55 81 3426 5655
metro@metro.arq.br
www.metro.arq.br

MODULORBEAT
Hüfferstr. 20, D-48149 Munster, Germany
T: +49 251 2877670
info@modulorbeat.de
www.modulorbeat.de

MVRDV
Dunantstraat 10, 3024 BC Rotterdam, Netherlands
T: +31 10 477 28 60
pr@mvrdv.nl
www.mvrdv.nl

NARCHITECTS
68 Jay Street, #317, Brooklyn, NY 11201, United States
t: 718.260.0845 f: 718.260.0847
n@narchitects.com
www.narchitects.com

N+B ARCHITECTES
2 rue Saint Côme, F-34000 Montpellier, France
T: +33 467 925 117
valerie@nbarchi.com
www.nbarchi.com

NEUTELINGS RIEDIJK ARCHITECTEN
P.O. Box 527, NL-3000 AM Rotterdam, Netherlands
T: +31 0 10 404 66 77
info@ neutelings-riedijk.com
www.neutelings-riedijk.com

NIETO SOBEJANO ARQUITECTOS
Talavera 4 L-5, 28016 Madrid, Spain
T: +34 915643830
nietosobejano@nietosobejano.com
www.nietosobejano.com

PÉRIPHÉRIQUES ARCHITECTES
4, passage de la Fonderie, 75011 Paris, France
T: +33 1 43 55 59 95
afja.peripheriques@club-internet.fr
www.peripheriques-architectes.com

PLATT BYARD DOVELL WHITE ARCHITECTS
20 West 22nd Street, New York, NY 10010, United States
T: +1 212 691 2440
pbdw@pbdw.com
www.pbdw.com

PTW ARCHITECTS
Level 17, 9 Castlereagh Street, Sydney, NSW, Australia 2000
T: +61 2 9232 5877
info@ptw.com.au
www.ptw.com.au

RCR ARQUITECTES
Fontanella, 26, 17800 Olot, Spain
T: +34 972 269 105
rcr@rcrarquitectes.es
www.rcrarquitectes.es

REALITIES:UNITED
Falckensteinstr, 47-48, D-10997 Berlin, Germany
T: +49 30 206466-30
info@realU.de
www.realities-united.de

SAMYN AND PARTNERS
1537 Chaussée de Waterloo, B 1180 Brussels, Belgium
T: +32 2 374 90 60
sai@samynandpartners.be
www.samynandpartners.be

SIMONE GIOSTRA & PARTNERS ARCHITECTS
55 Washington Street, Suite 454, Brooklyn, NY 11201, United States
T: +1 212 920 8180
info@sgp-architects.com
www.sgp-architects.com

SSM ARCHITEKTEN
Gibelinstrasse 2, Ch-4503 Solothurn, Switzerland
T: +41 32 625 24 44
mail@ssmarchitekten.ch
www.ssmarchitekten.ch

STEVEN HOLL ARCHITECTS
450 West 31st Street, 11th floor, New York, NY 10001, United States
T: +1 212 629 7262
nyc@stevenholl.com
www.stevenholl.com

UNSTUDIO
Stadhouderskade 113, P. O. Box 75381, 1070 AJ Amsterdam, Netherlands
T: +31 20 570 20 40
info@unstudio.com
www.unstudio.com